大是文化

AI分析，前5%菁英的做事習慣

一萬八千名工作者行為大解析，找出「成為菁英」的最省力方法。

AI分析
でわかった
トップ5%
社員の習慣

U0020867

日本銀行、Panasonic 等
605間企業改革的 IT 顧問、
Cross River 負責人

越川慎司——著

劉淳——譯

CONTENTS

第2章 前5%菁英這樣想事情 067

第3章 菁英們讓自己被看見的口頭禪 113

第4章 行動力比別人強的祕訣 139

推薦序

後疫情時代，企業更需要菁英的工作方式

國際獵頭職涯規畫師／Sandy Su 蘇盈如

當全世界進入後疫情時代，所有的企業都必須因應市場的變化，推動前所未有的企業變革。企業在改變，工作者更要隨時注意，自發培養企業所需要的關鍵技能。一個具有競爭力的好人才，必須能夠在最短的時間內，適應新的變革文化，否則，工作者的個人競爭力一定會受到影響。

舉例來說，二〇二一年的許多國際期刊中，都提及在後疫情時代的工作者必須具備的關鍵能力，像是彈性力（resilience）、遠距力（remote）、敏捷（agile）、持續學習（continuous learning）等。跨國企業經歷過疫情，重新調整了商業策略及獲利模式後，這些關鍵能力就成為核心幹部人才所必備的重要條件。

但由於市場會不斷的改變，關鍵技能也會隨著變動的市場需求而改變。所以最重要的是，每個工作者都要培養自己擁有適應變化、快速學習的能力。

這次閱讀了《AI分析，前五%菁英的做事習慣》，書中整理出菁英們有哪些好的工作習慣，來幫助他們更有效率的達到預設目標。我們可以透過這些分析及引導，來幫助自己養成後疫情時代的關鍵技能。

例如書中的第二章〈前五%菁英這樣想事情〉，提到工作應該在完成二〇%時就尋求建議。如果我們可以在進度到達二〇%時，先詢問他人意見，就可以在二〇%的時間點上重整思維，看見原本沒有察覺的問題或新方法。當工作者已經習慣在工作途中不斷重新思考，等於他隨時都在接受改變，這其實就間接的在培養彈性力，以及持續、快速學習的能力。

另外，作者提到菁英們都有做筆記及說出點子的習慣。我常會鼓勵大家在參加完講座後，一定要輸出，因為這樣才能確保自己在學習過程中，真的有吸收到新的事物。光是學習、吸收新知，並不能培養出工作技能，實際行動才能讓學習來的事物真正屬於你。

在過去我曾經遇過的個案中，很多人都是有想法但用錯方法，因此會覺得自己明明很努力了，卻無法得到相對應的報酬。本書透過 AI 分析後，詳細拆解菁英們的行動步驟，並在最後引導大家如何「起而行」。唯有實踐才能向前邁進。

面臨後疫情時代帶來的衝擊，諸如市場變化、工作型態改變等，我們每個人都需要改變過去的工作模式。透過此書，我們可以重新檢視自己的想法和行為，是否能幫助自己建立職場上所需的關鍵能力；同時也要效法菁英的做事習慣，提升自我價值，讓自己在新時代的競爭中脫穎而出。想要改變自己，只要你願意嘗試本書中提出的方法及步驟，一定能看見自己的進步。

最後，祝福大家都能成為後疫情時代裡，企業爭先恐後想要得到的人才。

前言
AI數據分析，菁英工作習慣大公開

在過去的職場上，乖乖聽從上級指示做事的人會得到較好的評價，因為過往的績效評量制度，只有直屬主管能給部屬打考績，結果導致許多人的工作評價是根據得不得主管歡心決定。說得極端一點，當主管在深夜說：「幫我買個波蘿麵包來！」真的有許多老實部屬乖乖執行。

然而，用這種方式得到好評的人才，其實並不具備在公司外部生存的能力。

現今客戶的偏好改變、新的科技問世，在這些激烈的變化中，獲利的方式（商業模式）與過去不同，評價人才的制度自然也應隨之改變。不同於以前只採用直屬主管的評價，有越來越多企業會改由直屬主管以外的管理階層進行評價。如此一來，只得到直屬主管的青睞是不夠的，還必須同時得到同事與其他部門相關人士的認可，而此種評價制度也比過去更加公平。

調查樣本高達一萬八千人

我經營的 Cross River 公司，已協助六百零五間企業改革工作方式，同時我們也調查了各公司人事評價中，表現前五%菁英員工的行動與工作法。之所以這樣做，是因為我們認為工作有明顯成果的菁英們，其工作方式具有極高的重現性，能夠推廣普及。

其中有二十五間客戶企業，協助我們調查前五%菁英與另外九五%一般員工的工作方式，樣本數是菁英與其他員工各約九千人，共計一萬八千人。

我們請菁英們維持平常的行動，並在桌面上設置固定攝影機，請他們穿戴IC記錄器（錄音器等設備）與感應器，透過雲端服務與面對面的訪談，記錄他們的行動與發言。除此之外，也分析他們的郵件內容、蒐集通訊軟體與線上會議的使用紀錄。將這些資料交由AI（人工智慧）與專家分析後，再整理出菁英們的共通點，以及他們與一般員工的差異。

菁英工作法，人人皆可學

曾有人對我說：「這些人的工作方式根本沒辦法推廣，因為環境等條件不一樣。」不過，我們已將調查後導出的成功法則，交給二十九間企業進行實證測試，發現這些法則對一般員工也有效。其中雖然也有未出現成效的失敗案例，但絕大多數都能成功。

你可以從本書中，試著比較菁英與你的行動及思考方法，也許有相同的地方，若發現不同的地方則可以學習。改變自己的行動方式後，一定要記得檢討。若是很順利就保持下去，不順利就停下來。藉由自我反省學習訣竅，並運用在下一次的行動中，就能越來越接近成功。

本書介紹的成功模式並非像魔法一樣，馬上就能展現成果，而是能幫你減少嘗試成本，邁向成功。請不要讀完就算了，一定要試著採取行動。嘗試後感覺到「咦，好像還不錯」時，就代表你的思維已經改變了。重複行動幾次，就能學會應對變化。參考菁英的思考與工作法，人人都能做出優異的成果。

序章

前5%菁英的做事習慣

習慣1 看手錶的次數比一般人多一・七倍

以面談與問卷調查菁英的工作習慣，並分別以四間公司的AI系統分析後，發現他們經常使用的名詞是「結果」與「目標」，經常使用的動詞是「達成」、「完成」與「得到認可」。他們使用這些詞語的頻率，是一般員工的三倍以上。

從這份調查結果可以得知，**比起過程，菁英更重視結果**。在工作上獲得成就的菁英，不會太過看重工作的過程。他們會在檢查點（check point）確認進度，但只把它當成一種達到成果的手段，不會在半途就覺得大功告成。

參與重要的專案、與相關人士合作、做足準備並持續進展，但最後專案卻以失敗告終時，菁英與一般員工的反應也有所不同。七成的一般員工這時會覺得「雖然失敗，但我努力過了，也跟大家一起完成了團隊合作，是個還不錯的經驗」。

然而，菁英的想法不一樣。他們會覺得「確實已經把能做的事情都做了，結果卻失敗，代表其中還是有導致失敗的原因」。他們不會把「有做事」當成逃避的藉口，且了解失敗不能以失敗告終，必須把它當成下一次成功的機會，在下一步行動中修正。

會議中發言次數比別人多二・三倍

菁英非常重視時間。他們看手錶的次數，比一般員工多出一・七倍；在會議中提出關於時間和完成期限的發言次數，比一般員工多二・三倍。他們就是一群打從心底重視每分每秒的人。

公司員工的工作報酬通常是以月薪、年薪的方式給予，可以看成是由單位時間內能完成多少工作，或是有多少產出來決定。因此對菁英來說，就算是一秒鐘也不能浪費。

不過，雖說一秒鐘都不能浪費，也不代表要一直不停工作。菁英們非常了解適度休息的重要。因此，他們非常重視工作與休息時間的切換，這也是一般員工與他們最大的不同。

主動設定目標並努力達成

菁英還有一項特徵，就是他們比別人更積極進取。

例如，對於主管設定的業績目標，一般員工會盡力達成，**菁英則會自己設定一個更高的標準**。

另外，**菁英重視成就感**，而達成目標可以帶來成就感，因此他們會主動設定目標，並挑戰用最短距離達成；相反的，一般員工在工作中沒有明確的目標，所以就算工作沒有達成進度，也會因為花了很長的時間努力而感到充實。然而，**重視成就感還是充實感，會決定你在公司與主管心中的評價**。

員工若能達成設定的目標，自然會得到相應的評價；不過，若只是因長時間工作而感到滿足，不見得能得到主管的讚美，因為這對組織沒有任何助益。

朝著目標前進本身沒有問題，但若前進的方向錯誤，反而是在倒退；努力工作也沒有問題，但若對達成目標沒有幫助，就只是徒勞無功。舉例來說，登山時要先決定以哪座山頂為目標，才能知道該走哪條路，並按照自己的體力適時休息。如果根本沒決定目標就貿然登山，很可能會爬上跟想像中不同的山頂，或是半途迷路遇難。因此，工作時「朝向哪個目標前進」非常重要，菁英們很清楚，自己不會因為工作量大就得到讚美。

花在製作簡報的時間比其他人少二〇%

二〇一九年四月，日本開始執行工作方式改革法[1]，也是史上第一次明文規定工作時間的上限，因此公司與主管必須控管部屬的加班時間。這時，工作到深夜在社群網站上發文說「正在加班」，或是搭上末班車之後表示自己工作很辛苦的員工，就成了公司的燙手山芋。

然而，工作並非自己做得滿意就好，還要得到公司的認同。員工若想得到公司主管的信賴，就必須在規範的時間內，將自己的能力發揮到極致，這才是聰明的工作者。

另外，越來越多企業開始引進工作型僱用[2]，以工作成果與價值來評價員工。與過去不同，現在的顧客是對公司產出的價值付錢，而非生產量。顧客付出的金錢會成為公司的業績、獲利以及員工薪酬，因此工作的目標應該重質而不是量。與其拚命做出五十張簡報資料，不如用一張資料打動人心，驅使對方做出符合我們期待的行動，才能獲得好評價。

在這次的調查中也發現，一般員工製作資料的頁數比菁英多了三二%。其中不乏為了彌補資料內容單薄，而刻意充頁數的案例。另一方面，**菁英們製作資料花**

---

1 日本國會於二〇一八年六月通過《工作方式改革法》，隔年四月起逐步實施。改革重點包括：設定加班上限、強制勞工休有薪假、提倡多樣及彈性的工作模式、消弭正職與非正職的不合理待遇差別等。

2 重視個人能力是否符合工作需求的僱用方式，與日本傳統的終身僱用制形成對比。

費的時間，比一般員工少了二〇%。製作出的資料不但頁數少，簡報的單張投影片文字量也比較少。

他們的目標不是「很努力做」，而是「成功傳達」，因此會先找出必須進入對方腦中的重要資訊，透過視覺表現成功傳達給對方。也就是說，菁英並不是製作簡報的方法比別人高明，而是擅長找到資料應該具備的故事性。

他們會用手寫的方式打草稿，計畫該如何說服對方、製造共鳴，並驅使對方做出符合自己期待的行動，最後再快速製作出簡潔俐落的簡報。

建立正確的目標，配合目標採取行動並獲得成果，這就是菁英的特徵。

習慣 2

不介意在同事面前顯露自己的弱點

有些資歷深的前輩，經常會用妄自尊大的態度對待後進，老提當年勇的主管就是這種類型。

菁英不會這樣，他們多半十分謙虛，會以「我還有不了解的事」、「還有些事情沒學會」的心態，試圖從他人身上獲得自己不具備的知識。

他們遇到自己不懂的事情時會積極提問，不會渾渾噩噩、得過且過。面對問題時，他們會誠懇的學習新知識。如此一來，就會得到主管的信賴與部屬的仰慕。

再者，想讓對方對你掏心掏肺，你也必須開誠布公。這相當於心理學所說的「善意的回報」。聽到對方說出內心話時，我們會覺得自己也必須提供相同程度的資訊，就是出於這個心理。

舉例來說，百貨公司食品區的試吃就是利用這種心理。顧客只要吃了試吃的食品，就算只吃了一點點，也會有不買不好意思的虧欠感，於是就買下該商品。

回報原理在人與人的溝通中也適用。當對方坦率說出自己的心聲時，我們也會想要拿出自己的真心回應。

舉例而言，想問同事覺得什麼才是工作的意義時，若只是單方面提問：「你覺得這份工作對你最大的意義是什麼？」只有一二%的人願意回答。相反的，若先告訴對方「我在這些時候會感到工作有意義」，再詢問：「你也曾有這種感覺嗎？」就會有七八%的人願意回答。

這種溝通方式可以降低對方的防備心，強化彼此之間的心理安全感，因此能夠問出各種資訊。

菁英們了解這個原理，所以他們會藉此讓對方提供更多的意見與資訊。

會議前先開聊，效率提高一．六倍

例如開會時，為了降低與會者的心理防備，菁英不會立刻進入正題，而是先以閒聊的方式建立安全感，再開始交換意見。如此一來，會議過程中才能產出更多的提案。

我們做了一個實驗，請二十六間客戶企業分成兩組，一組在會議開始後先閒聊兩分鐘，另一組則不聊天直接開會，兩組各由三十個團隊進行兩週的測試，並加以比較。

結果發現，有閒聊的團隊，會議的發言者與發言數，比沒閒聊的團隊多了將近兩倍，會議準時結束的機率也高了一・六倍。且會議中出現許多建設性提案，也就不會出現「今天時間不夠，改天再繼續」的結論。

若是在會議一開頭就進入高難度議題，會提高每一位發言者的精神壓力，製造出難以開口的氛圍。在無法確保心理安全感的狀況下，人會認為不要發言比較安全，因此對話會減少，便無法達成會議目的。

這個方法也能幫助我們，避免強迫他人接受自己的價值觀。因此，菁英們和初次見面的人建立關係時，會以輕鬆的閒聊開始縮短和對方的距離，甚至會先聊到自己的弱點。

這是一種心理準備，也是一種溝通方法。當然，這種方法的目的並不是真的要展露弱點，而是透過這個方式拉近彼此距離。

適時顯露情緒，引發對方共鳴

除了顯現弱點外，將自己的「情緒」告知對方，也是菁英擅長的溝通方式。不隱藏自己的感受或想法，而是直接說出來，較容易獲得對方的共鳴與理解。

此外，這還有一個好處，就是能整理腦中的思緒。將想法化為語言，自己的意見便會越加明確，在訴說的同時，思緒也會越來越有條理。

當然，想讓對話氣氛熱絡，不能只是一味的訴說自己的事，提問也有很好的效果。當我們說出自己的感受之後，對方也會想表達自己的情緒。

有一種溝通技巧稱為「開放式提問」，意思是不以封閉式的是非題方式提問，而是用開放式問題問答，使用這種技巧，可以得知更多對方的資訊與想法。提問時使用五W一H，也就是何時（When）、何地（Where）、誰（Who）、什麼

（What）、為何（Why）、如何（How），就能夠從對方口中問出更多資訊。

舉例來說，可以比較下列兩種問法。

×「我喜歡拉麵，你也喜歡拉麵嗎？」

○「我很喜歡拉麵，你喜歡哪一種麵呢？」

另外，菁英知道珍貴的資訊不會出現在網路上，而是必須透過人際關係打聽。而且他們很清楚，將許多人拉進來一起解決問題是很重要的，因此會以一些小小的體貼與關懷，建立值得信賴的人脈。

習慣3

在公司內經常移動的距離，比其他人多二三一%

菁英還有一個共同特徵，那就是他們經常起身行動。比起一般員工，他們更常藉由對話和他人互動，會議的發言次數也比一般員工多出三三一%，在公司內移動的距離也多出二三一%。

另一方面，評價較差的員工則是滿口「反正」和「可是」。他們會說「可是我現在很忙，沒辦法做」或「反正會失敗，做了也沒用」，藉此逃避新的挑戰。他們害怕失敗，因而封閉了自己的可能性，停止用腦思考。如此一來，就無法配合變化修正自己的行動。

菁英當然也會遇到挫折。不過，他們在失敗時會持續問自己「到底是哪裡出問題才會變成這樣」、「我需要改變什麼」，釐清原因，並應用在下一次的挑戰。

菁英並不覺得失敗是多糟糕的事。他們甚至認為，**僥倖成功卻什麼都沒學到，才是真正的壞事**。他們會想著「這種難受的經驗能讓我有所學習，下次一定不會失敗了」，把失敗轉化為正向的因子。

具備多元能力的T型人才

菁英會做一些挑戰，藉此得到不同的經驗。例如，他們會刻意選擇比較痛苦或困難的任務。這群人在公司常是超級王牌，常有機會晉升或調動到不同部門。然而，有些菁英會在A職位的條件明顯比較優渥時，故意選擇難度較高的B職位。

舉例來說，在一家精密機械製造商中，當菁英面前有兩個選項，一個是「從業務部長晉升成總部長」，另一個是「平調到隔壁部門當行銷部長」，他們會因為「想在自己沒待過的行銷部門累積經驗」選擇平調，而不是晉升。

前一陣子很流行的「T型人才」，是指在專門領域中，具有豐富知識的I型人才（專家）的I上方再加上一條橫槓，代表對其他領域也擁有廣泛的知識。這次的調查發現，有六九%的菁英會努力學習自己沒有的經驗與技能，一般員工則有六三%以成為I型專家為目標。**菁英具有橫向的廣範圍知識，一般員工則傾向追求縱向的專業性。**

為了在激烈的變化中提高自己的應變能力，菁英不會拘泥於同一個技術或技能。**他們認為擁有更多能力，才能提高市場價值。**因此，**他們的目標不是用加法提升技能，而是乘法。**擁有多種經驗，經歷也豐富的人，在公司內更容易身居要職，同時也能提高在公司外部的市場價值。像這樣具備多元的經驗與技能，便能提高在公司內外的評價。

偏重單一經歷的徵才規則，很危險

從這個傾向推論，挑選有社會經驗的求職者時，不能只注重過去的職務經歷與經驗，而是必須觀察求職者是否具有應對變化的能力，以及多元的技能，才能錄取優秀的人才。

我們請客戶協助調查，比較重視單一經歷的求才條件，與重視多樣性的求才條件（例如要求具有兩種以上職務經驗）之差別，發現後者較能錄用到優秀的人才。這兩組案例都在一年半後，由人事部長判斷錄取員工的能力活躍程度。重視單一經歷的前者，有六四％認為錄取了優秀人才；而重視多種職務經驗等多樣性的後者，則有八二％認為錄取了優秀人才。

從這個例子也可以看出，在不同職種中累積多樣經驗，才能提高自身的價值。

習慣 4

改革來自行為改變，而非思想改造

坊間有許多自我啟發的書籍，都主張「想改變行動，必須先改變思維」。其實，這個說法是錯誤的。

改變思維是必要的。不過，菁英們很清楚，光是等待思維改變，什麼都不會發生。

事實上，不是轉換思維後才開始行動，而是改變行動後思維就會跟著轉變。採取行動之後，我們才會感覺到變化，思維也跟著轉化到「這次的行動很有價值」。接著繼續用這樣的方式做事，就會逐漸成為習慣。

許多企業會由經營團隊與人資出面，呼籲員工改變思維。然而，呼籲只能引發一部分的動機，無法引導員工改變行動或調整思維。

改變思維前先行動

我們請二十九間企業協助做實驗，請他們每個月都強制推行新的行動模式，例如：將公司的會議時間設定為四十五分鐘、強迫不同部門進行專案團隊合作。一開始有些人十分抗拒，但實際行動後，有八二％以上的員工都說「感覺比預期的更有效」，其中六八％的員工在沒有特別指示的情況下，仍持續自發性採取行動。

相反的，我們也有調查由上級要求部屬改變思維的公司，發現實施此方式兩年後，由員工自發性改變現場工作思維與行動的比例只有八％。

當然，公司確實應該由上而下提倡思維改革的重要性。不過，這只是必要條件，而不是充分條件，還需要創造出讓員工自發實踐的機制。

這場行動實驗，起初也有許多菁英表現出抗拒心理。但菁英有內省的習慣，因此能判斷改變行動對自己有好處，他們了解意義與目的後，就會繼續進行。

以具體的好處，說服別人一起行動

菁英有一個傾向，就是他們會將行動後的好處告訴其他同事。

例如說：「我本來也很抗拒，但是做了之後發現工作時間減少了八%。」他們知道如果是以「你應該怎麼做」的方式來說服他人，對方不會採取任何行動。因此為了得到對方的共鳴，一開始要先提出和對方相同的煩惱，接著具體說明煩惱是怎麼解決的，才能讓對方打從心底接受。

菁英們在公司裡是令人刮目相看的員工，因此同事會積極接受他們的建議。

從這裡可以看出，公司若想改革工作方式，必須先讓菁英打從心底接受，接著以他們為起點，在公司內加以推廣，便能順利推動。

習慣 5

不求一步到位，而是不斷修正

菁英認為達成目的就像是爬山。首先必須看看山頂，接著看看自己現在的位置，推算出必須花費多少時間與成本才能登頂，然後採取行動。一般員工也會使用這種方式，但他們所需的前置作業時間較長，起步也比較慢。

菁英會先做好最基本的計畫，接著就開始採取行動。他們在行動時，會隨時注視山頂，並看著指南針朝向正確的方向行進，一旦途中發現有誤就會立刻折返，同時也透過內省修正行動，目標是用最短的距離登上山頂。

乍看之下，他們折返與修正行動所花的功夫，似乎拉長了作業時間，但他們起步很早，判斷是否修正時也十分明確，因此不會迷路，可以持續行動，最後比一般員工更快登上山頂。

在客戶企業的專案推進中，也可以看到一樣的結果。具有優秀領導者的專案團隊與表現平平的團隊，兩者的行動量與到達終點的速度都有差異。

優秀的領導者是以目的為導向的行動派，會先帶領大家起步，在途中設置檢查點，一一決定事項。

另一方面，缺少優秀領導者的專案團隊，會花許多時間構思行動方案，因此起步比較晚。這樣的團隊回顧與省思的頻率較低，因此會造成許多不必要的作業，前置時間也會變長。

由此可以看出，優秀的領導者會讓團隊成員意識到明確的目標，並從交件時間推算應有的進度，且有做出決斷的心理準備。此外，優秀的領導者不會認為自己的判斷百分之百正確，中途會確實檢討，以靈活的方式修正行動。

減少與對方的落差

在專案比較中也發現，優秀的領導者還有另一項特徵，就是他們的視野非常寬廣。他們時時都以俯瞰的方式觀察專案整體，因此能確實找出須修正的地方。相反的，缺少優秀領導者的專案則是只看到局部，或是企圖把緊急度較高的工作全部完成，使團隊成員疲憊不堪，事後檢討才發現，原來把緊急度高、但重要度低的工作也一起做了，因此後悔不已。

只看到眼前的工作、被緊急的工作追著跑，會令人無法察覺哪些是不必要的作業。當然，對辛苦工作的團隊成員，還是必須給予慰勞與感謝；不過客戶與主管重視結果勝於過程，會以此判斷專案是好是壞。因此，領導者必須適時回顧整個專案，一邊修正一邊前進，才能看到具體進度。

優秀的領導者會在專案進行的過程中，定期向客戶與主管報告進度，包括哪些部分順利和哪些部分不太順利，因為他們非常清楚，到最後一刻才告訴對方「做不到」或「會延遲」，是非常糟糕的。

對客戶進行的簡報也是一樣。發表者必須傳達資訊，而客戶希望有效率的取得資訊，兩者的目的有所差異。菁英們在事前會確實掌握客戶的需求，並提供符合對方需求與自身期待的資訊。

另外，他們也很重視最後的提問時間。因為，營造出對方易於提問的氣氛，並確實回答問題，能夠填補需求與供給之間的落差（見下圖），就能離成功簽約更近一步。

菁英掌握客戶需求時的視角

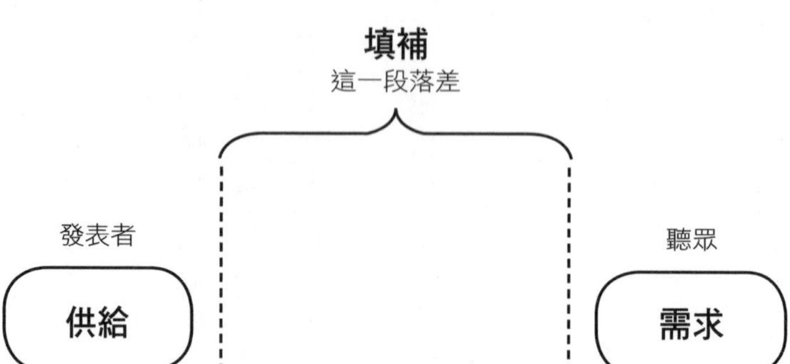

第1章

一般員工誤以為這樣做很棒

1 經常加班，電腦旁貼滿待辦事項

菁英這麼做

×：滿足於努力工作的充實感，不認為必須得到反饋。

○：滿足於達成目標的成就感，認為必須得到反饋。

日本自從進行工作改革之後，辦公室只要時間一到就得熄燈（禁止深夜加班）。然而，員工就算努力做完工作、時間一到就下班，若一直無法了解不超時工作的真正意義，過不了多久就會回到原本的模式，打開電燈繼續加班。根據調查，內心不願接受改革的員工，有七八％都回復到原本的工作方式。

許多人會用便條紙寫上各種待辦事項，貼在電腦周圍提醒自己，腦袋裡也都是這些事情。他們的目的是完成一項工作後就撕下那張便條紙，藉此得到成就感。

遺憾的是，這樣的工作方法無法讓人達成目標。

一般員工看過程，菁英重結果

一般員工中，有六成以上的人滿足於工作的過程，不會思考如何得到成果。他們心裡一定也有想要趕快結束工作，下班離開辦公室的想法；有些人則是暗自期待自己加班到很晚之後，能得到主管的共鳴與同情。然而，光是看起來很努力工作，已經不會得到任何好評了。現在的趨勢已經漸漸轉變，**薪資報酬是針對員工做出的成果，而非投入的時間**。

在我們進行問卷調查的五百二十八間公司中，有三百零七間公司計畫在兩年內改變人事考核制度，共占總數的五八%（參考左頁統計圖）。將來的考核除了短期成果之外，也會評估員工是否對長期成長有所貢獻，並減少以年資與年齡作為評價基準的比例。

另外，調查十六萬人後發現，有八九%的員工回答「只要把工作做完就會覺得滿足」。這件事本身並沒有什麼問題，不過，有七三％的菁英不這麼認為，他們要在真正得到成果之後，才會感覺到滿足。

也就是說，**一般員工在工作完成時就感到充實；菁英則以做出成果時的成就感為目標**。

在進一步調查中，我們也問了員工們，完成哪種工作時容易感到充實，結果是製作簡報得到壓倒性的支持。其中回答 PowerPoint 和 Excel 資料的人更多達六〇％以上。這兩個軟體因為功能增加，能做到的事越來越多，使用者容易因此做出過於複雜的資料。

越來越多企業的考核重視工作成果而非工時

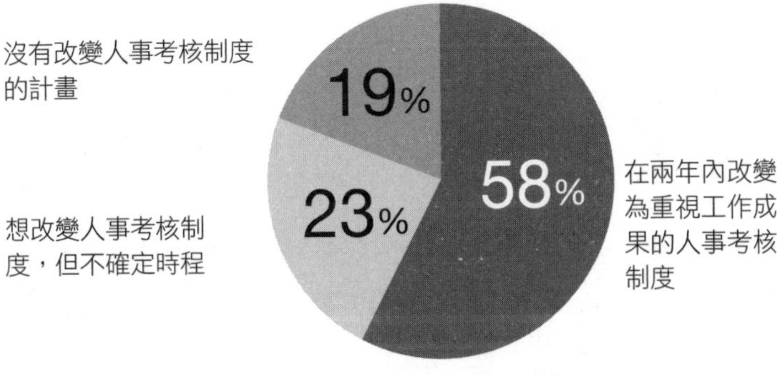

對日本 528 間企業的人事主管進行的問卷調查（2019 年 12 月）

我們不能盲目的工作，因為看似努力的行為不會得到任何評價，因此，一定要先確認簡報的目的。例如：業務部門製作的提案資料，是以簽約為目的；而公司內部的說明會，則是以員工們按照會議內容行動為目標。簡報完成並不是終點，提出提案資料或說明會結束也不是終點，而是以對方採取行動為目標，你的努力才會得到回報。

反饋不是退件，是能促成進步的禮物

在期限內把工作完成，當然很重要。但更重要的是追蹤後續發展。我建議你確認看看，自己辛苦製作出的資料產生了什麼成果。

如果是向客戶提案，提案文件最後有幫助你成功簽約嗎？如果是公司內共享的資料，其他同事有多少人去看，或拿來實際運用呢？若沒有回顧簡報製作後的成果，就不會知道辛苦製作的資料到底有沒有派上用場，也不知道花費時間製作這份資料是否正確。如果資料沒有帶來幫助，就必須從提交資料的對象尋求反饋，並在下次製作時改進。

菁英們會積極從其他人身上獲得反饋，而滿足於完成工作的一般員工，多半不覺得有必要聽別人的意見。有七八%的菁英，會為了尋求反饋而自主行動。簡報結束後，他們會去詢問參加者、會議主辦人；沒拿到訂單，他們會去問客戶，藉此得到感想與評價，找到成功與失敗的原因。

菁英更明顯的特徵是，就算成功，他們也會詢問對方還有哪裡可以改善。

在本次調查的錄音紀錄中，有十七段詢問對方有哪裡可以改善的對話，全部都來自菁英。即使做出了成果，為了繼續保持，或是為了更上一層樓，菁英們一定會尋找可以改善的地方。

而一般員工中，對「反饋」這個詞抱持好感的人不多，甚至當中有六一%的人抱持負面印象，認為「反饋＝被退件」。他們不想讓自己受傷，因此不會主動尋求反饋。另一方面，菁英則有七八%對來自他人的反饋抱持正面印象，有些人甚至在問卷的自由填寫欄寫下：「別人的反饋帶給我成功的創意靈感」、「客戶的反饋是一種禮物」。

2 頻繁的檢查郵件，所有信件都立即回覆

菁英這麼做

×：在意眼前的郵件，把回信當成目的，因此過度努力。

○：會切換工作與休息時間，保持最佳效率。

我們請客戶企業的員工定期檢討自己執行的作業，透過十六萬人的問卷與訪談調查，發現九七％的一般員工都會先做緊急度高的工作。

注意力被「緊急」這件事吸引之後，就會忽略了自己的時間，其實是耗費在緊急度高、但重要度低的工作上。

緊急但重要度低的工作，菁英先不做

相對的，能夠在工作上有所成果的菁英，則是以緊急度和重要度兩個評價軸來決定工作的優先順序。

因此，**他們不會搶先做緊急度高、但重要度低的工作。**

菁英還具有一個很明顯的特點：他們會分配時間給緊急度低但重要度高的事情。他們重視重要度勝過緊急度，是因為他們重視結果更甚於過程。

工作成效是以成果來評價，而非你完成多少事情，因此菁英會把時間留給重要度高的工作。只要工作的重要度夠高，不論是否緊急，都必須先做。

例如檢查郵件這件事，有八成以上都是不重要但緊急的工作。當然，如果你擁有不論郵件重要與否，都能立馬全部回信的優秀處理能力與時間就無所謂，但很少有人有這麼強的能力。因此，必須特別注意工作的重要度。

休假時讓大腦休息，工作時才能發揮真本事

大腦的注意力是有極限的，一直不休息會讓大腦持續處於過度使用狀態，對工作與健康都會造成嚴重的影響。

在我們調查的六百零五間企業中，有二三％的員工說他們「即使放假也沒事做，所以乾脆工作」，另一方面，有七九％的菁英回答「假日會好好休息」。他們會和家人悠閒吃頓飯好好放鬆，或是做些有氧運動保持身心舒暢。

我們在個別問卷中，調查菁英們的假日活動，同時也對一般員工進行了同樣的調查。以下是多數菁英的假日活動。

●做一件會讓自己心情變好的事

菁英會從能讓自己心情變好的事情裡，選出一件來做，例如游泳、閱讀、購物等。重點是自行選擇。人在擁有「自我選擇權」時會感到幸福，問卷中有許多人回答：「想到這些事不是遵照指示，而是自行選擇去做，就感到心情愉快。」

●適度的有氧運動

有些人則用揮灑汗水的方式排解壓力，例如散步二十分鐘、十分鐘伸展操、慢跑三十分鐘等方式。也有人習慣定期慢跑，甚至參加馬拉松比賽。**菁英們定期慢跑的比例，是一般員工的三倍以上。**還有許多人透過慢跑培養公司外的人脈。菁英當中女性做瑜伽與皮拉提斯（pilates）的比例很高；男性則有較高的比例參與抱石攀岩（bouldering）運動。定期打高爾夫球的比例，則與一般員工差不多。

●閱讀

經常閱讀也是菁英的休閒習慣之一。

調查二十八間企業發現，一般員工平均一年讀二・二本書。而菁英的讀書量則是平均量的二十倍，一年閱讀四十八・二本書。閱讀有數位排毒[3]（digital

[3] 放下手機、電腦、社群網路，短暫的與數位隔絕，回到自然的自己。

detox）的效果，光是遵守「看書時不碰手機」的原則，就可以放鬆身心，調整自律神經。**許多菁英會在睡前閱讀，而非使用手機。**

週五要決定「不做哪些事」

調查二十二間企業共約九千名員工後發現，人們光是想到要休長假或週末即將來臨，工作效率就會提高。

因此週末之前，也就是週五的工作效率通常比較高。有三成以上的菁英，都說他們在週五會「決定不做哪些事」。面對即將到來的週末，他們會拒絕無法完成的工作。後續調查中發現，針對週五決定不做的工作，有八三％的人回答「後來發現其實沒有必要，還好我沒做」，證明菁英的判斷是正確的。

菁英會在假日讓大腦好好休息，在充飽電的狀態下迎接週一。所以為了迎接假日，他們週五會決定不做哪些事，藉此提高效率。

3 花時間準備看似重要的資料

菁英這麼做

╳：花費很長的時間，全心全意準備大量資料。

〇：只用短時間，製作能催生成果的簡單資料。

在關於製作資料的問卷調查中，一般員工是這樣回答的。

「不好好製作簡報會被主管罵。」

「製作簡報是為了確實表達想說的話。」

「希望在簡報中加入許多重要的資訊。」

「我會事先把可能被問到的內容寫在簡報裡。」

有很多員工會拚命製作在會議上使用的簡報，然而努力製作的資料，大約只有二〇％會被使用到。

我們調查六十七間擁有八百名以上員工的企業後發現，召開一小時幹部會議，員工們需要花費七十至八十小時準備資料。但其中二三％的資料別說拿來討論了，連翻都沒有翻開。準備這些資料所花費的時間都是不必要的。

很多時候，一般員工妄想資料準備越充分就越能獲得好評，熬夜做完資料後感到滿足，但這些資料在會議上根本沒被使用，自然也不會因此得到評價。

「看似重要」的資料，有九三％並非必要

我們曾針對三間製造業與資訊通訊企業，調查「看似重要」的資料在製作之後，是否真的有使用的必要。這三間公司正在大力推行無紙化，一開始有許多員工反對，因此前兩年改革並不順利。於是，公司決定在組織變革、部門異動與辦公室搬遷時，在「看似重要」的資料上貼上標籤，觀察它們在一年之內是否會被員工們

使用。

調查對象為七百二十份文件，共有一萬兩千頁，結果發現其中有九三％不但沒有使用，甚至連碰都沒有碰過。「看似重要」其實只是管理者一個人的執念，也是占據保管空間的元凶。

能獲得評價的，不是努力而是成果

二十年前我還是一個業務員，有一次為了取得大型訂單，用 PowerPoint 製作了提案簡報參加招標。

第一次審查，客戶的承辦人沒看我的資料內容，卻先開始數資料的頁數。他數完後告訴我：「你的資料比其他公司少了五十頁，請補齊之後下次再提交。」

當時的主管知道之後，並沒有批評不看提案書內容的客戶，而是對資料頁數太少的我大發雷霆：「真的想拿到那個案子，就要拚命多做啊！」主管給我的指示，是增加資料的分量。

當時的我無論如何都想拿到這個案子，於是通宵重做，隔天再度提出，終於進入了下一階段評比。二十年前，社會傾向以表面上的努力程度來評價一個人。

二十年前的企業需要的是「主管說什麼你就做什麼」的部屬，那時商品種類少且產量大，只要乖乖聽主管的話，業績就會一路往上爬，因此員工被要求對主管與公司忠誠。只要對公司忠誠且拚命工作，就能得到人事上的好評價。

然而，現在的商務人士需要的，是自己思考工作方向。

因為現代社會消費者重視的，已經不光是商品機能，而是商品所帶來的價值與體驗，這稱為「體驗消費[4]」（experience consumption）。如此一來，員工就必須掌握市場需求，並立刻填補需求與供給之間的落差。公司需要的是解決客戶問題的策略與創意。能夠得到好評的菁英，就是一群不斷做出優異成果的人。

---

4 指消費者在使用產品或享受服務時，體驗到的感覺。體驗消費會影響消費者對產品的評價，而與產品實際的品質無關。

4 把「做完了」誤判成「做好了」

菁英這麼做

╳：完成一件又一件的工作，感到很充實。

○：把時間分配給重要的工作，集中精神提高效率與效果。

員工不應該把做完許多工作當成目標，因為就算擅長製作資料，一個小時能做出幾十頁，若這些資料都沒有派上用場，就毫無意義了。然而**一般員工中，有些人誤以為做了很多事就是「有效率」**。

菁英理解工作的本質，知道「在短時間內完成必要的工作才是有效率」。因此他們在承接工作前會先問自己：「這個工作真的是必要的嗎？」

每週都要花十五分鐘檢查進度

如果以緊急度當作優先處理工作的基準，就會在不知不覺間，放著緊急度低但重要度高的工作不管。

菁英為了完成重要的工作，會事先推算什麼時候必須做什麼事，依此決定行程，並且**每週都設定一個檢查點，花十五分鐘檢查進度**，確保工作能按時完成。

菁英會根據自己設計好的檢查點，不做那些緊急度高但重要度低的工作。舉例來說，花費長時間製作太過講究的設計圖，或是為了討主管歡心而製作過於美觀的文件，都是緊急但不重要的工作。

我們必須學習菁英們時時注意目的的方法，且盡量投入最少的工作時間。而定時確認目的與進度，能避免陷入過度努力的自我滿足陷阱。**菁英在工作時，每小時會安排一次以上的休息與進度確認**。

在一份調查兩萬兩千名商務人士的問卷中，有七一%的人回答「心情積極樂觀時，作業效率也會變高」。

如果想提高工作的處理速度，可以採用重新審視流程、提升技能或是運用快捷鍵技巧等方法。同時，也需要分析目前自己的時間分配在哪些事情上，才能減少多餘及不必要的工作。

此外，菁英在應該聯絡主管、團隊成員與客戶時，會迅速處理。就算是小事也會立刻回報，不會放在自己心裡。一般員工很容易在沒察覺的狀態下忘記回報，或是延誤了聯絡時間。

菁英不會疏於報告、聯絡與商量。他們的反應極快，且能夠多工處理，常令人懷疑他們是不是會分身術。

在智慧型手機普及後，隨時隨地都能聯絡，因此回覆的速度也越來越受重視。但如果已經是深夜，就沒有必要回應了。

在上班時間，利用通訊軟體快速回覆簡短訊息，可以提升彼此的工作效率。

5 以為網路上可以找到所有資訊

菁英這麼做

╳：全部都用網路搜尋。

○：明確界定搜尋目的，配合目的選擇搜尋方法。

在一份以八萬兩千人為對象的問卷調查中，有一個題目是「蒐集情報時會先做什麼」，其中許多人都回答「用 Google 搜尋」。然而，縱使用科技蒐集情報的效率高，但這也表示有很多人都找得到同樣的情報。把任何人都找得到的資訊告訴對方，也就代表獲得資訊的成本、搜尋成本與資訊本身的價值，都無法轉化為金錢報酬。

這是因為，**買賣必須靠著填補雙方落差才能成立。**

買賣是經由填補落差才能成立

世界最古老的股份有限公司「東印度公司」，就是利用落差來做生意。他們將在印度可以輕鬆買到的胡椒與紅茶，高價賣給歐洲的貴族，藉此賺取金錢。有一段時間胡椒的價格比黃金更昂貴，甚至引發爭奪胡椒的戰爭。

東印度公司發現了資訊、地點與課題三者的落差，藉由填補落差獲取了財富。歐洲的貴族並不知道在印度可以輕鬆買到胡椒與紅茶（資訊落差），也無法自由前往印度（地理落差）。再加上貴族們覺得肉類有腥味，以及希望在頻繁的戰事中擁有悠閒的時光（課題）。東印度公司從中挖掘出潛在的商機，並提供胡椒與紅茶，這就是這間公司的巧妙之處。

在當今的資訊社會中，多數人都認為這種資訊落差很難再發生了。畢竟連巴西當地市場賣的蕃茄價格都能在網路上查到，許多資訊不再稀有。然而，某些大眾想要卻無法獲得的資訊，和連存在都不為人知的資訊，仍然可以創造商機。就算是在高度資訊化的社會，仍有許多公司巧妙利用資訊落差而取得成功。

舉例來說，瑞可利[5]（Recruit）就是其中之一。

想跳槽的商務人士希望在不讓其他人察覺的前提下，搜尋徵才資訊與面試方法；瑞可利就將這些跳槽預備軍想要的資訊集中在一處，藉此賺取閱覽率。另一方面，希望招聘有經驗求職者的企業，則是苦惱於找不到想跳槽的人才；瑞可利在求職者會閱覽的網站上設計廣告欄位，並將這些欄位賣給想徵才的企業。這個資訊落差已經存在了好幾十年，它就是瑞可利的基礎事業。這種資訊落差不只存在於轉職市場，其他還有住宅資訊的落差，造就了「SUUMO[6]」，而婚姻市場的資訊落差則造就了「zexy[7]」。

也就是說，**不論哪個時代都有資訊落差。**

搜尋時必須有明確的目標意識

Google 是任何人都能自由連上的網站，想用它搜尋到的資訊來賺錢，實在是大錯特錯。事實上，Google 本身也利用廣告在賺錢。利用 Google 搜尋後，出現在前幾位的結果，是關鍵字廣告費用付得較多的企業。也就是說，Google 會針對使用者搜尋的關鍵字刻意投放廣告，使用者可能因此被誘導到廣告網站。

此外，想利用成果報酬型廣告[8]來賺錢的人，也會刻意在自己的網站內加入容易被搜尋的關鍵字，不論搜尋者想不想，都很容易被誘導到埋藏關鍵字的網站。也就是說，就算搜尋者的目的很明確，使用 Google 搜尋時，還是會被誘導到廣告網站。若是在登入 Google 帳號的狀態下搜尋，使用者的資訊還會被傳送到 Google，搜尋結果會將使用者容易點擊的網站排在前幾位。原本是使用者在搜尋

5　日本上市公司，主要經營人力派遣等業務，相關企業規模極大，二〇二〇年集團收益超過兩千億日圓（約新臺幣五百二十億元）。

6　日本房屋買賣、租賃情報網站，可按地區、按需求搜尋物件，是瑞可利集團事業之一。

7　日本婚禮籌備仲介網站，可搜尋包括宴客場地、國內外渡假地、珠寶、迎賓禮、婚紗等資訊，與「SUUMO」一樣屬於瑞可利集團事業。

8　一種按效果支付的廣告模式，指廣告主只須為廣告帶來的最終效果付費，如：按廣告點擊數量計費、按廣告最終獲得銷售額計費等。

資訊，這下子完全變成被 Google 蒐集個人資訊。

因此，搜尋資訊時必須具有明確的目標意識，避免漫無目的搜尋，而被誘導到不相關的網站。菁英們理解這一點，在搜尋時會具備明確的目標，並壓低花費的時間。此外，他們知道網路很難找到稀有的資訊，因此會使用其他媒體搜尋。

菁英也傾向藉由書籍蒐集資訊，而非電視。此外，他們的情報來源也不限於網路或書籍，還會積極從相關人脈中尋找。他們知道**稀少且重要的資訊可能不在網路上，而是在人身上。**

調查菁英的言行舉止後發現，他們會定期蒐集資訊，並從與他人的對話中獲取稀有情報。實際上，菁英的人脈也比一般員工廣得多。後續調查**他們拓展人脈的理由，有六三%是想要蒐集情報。**

6 只想暫時解決問題，不想找出根本原因

菁英這麼做

╳：暫時解決問題後，之後還是會發生。

〇：找到根本性的原因並解決問題後，不會再次發生。

一般員工發現問題後，可能不知道該從何著手，因此停滯不前；或是一想到處理方法，就立刻行動。他們可能會依賴過去的經驗來解決問題，或是花費大量搜尋時間蒐集資訊、付出高額的報酬聘請顧問來調查等。

但即使這麼做，問題仍無法順利解決，或是暫時解決後又再度發生。越是複雜的問題，越會令試圖解決的人困惑。然而，解決問題時必須先掌握本質並整理出重點，再嘗試解決，才能順利打破僵局。

急於追求表面上的解決，會帶來風險

一般員工容易拚盡全力解決眼前的問題。當注意力只放在「解決」時，可能掌握不到問題的本質，因而無法從根本下手。若是沒有找到問題的本質，就算暫時解決，問題也會再次發生。

此外，如果有「這個問題只有這種方法才能解決」的想法，也是一種危險的主觀判斷。若是這種方法無法順利解決，就會因為浪費太多時間和精力而使士氣下滑，無力再次思考其他處理方法。

菁英則擁有一套解決問題的「模式」。他們為了持續在工作上做出成果，平時就會蒐集能夠有效重現的解決方法。這些模式除了用來解決問題，還能應用在行銷與拓展新事業。

而調查菁英解決問題的方法後，會發現與「思考設計」有相似之處。

從「為什麼？」開始的思考設計

理解使用者的痛苦與煩惱，定義出發生原因，建立假設（原型設計），並藉由外界意見來改進的問題解決模式，稱為「思考設計」（參考下圖）。重點在於，思考如何解決前，必須先找出為何問題會發生。

思考設計是商務專家、工程師與設計師三位一體，共同推進專案的模式。其中特別重視成員間的溝通，因此必須先讓參與者都有心理安全感，能夠暢所欲言。在這個基礎上，成員彼此積極交換意見，討論出問題所在與本質，以及根本的解決

思考設計五步驟

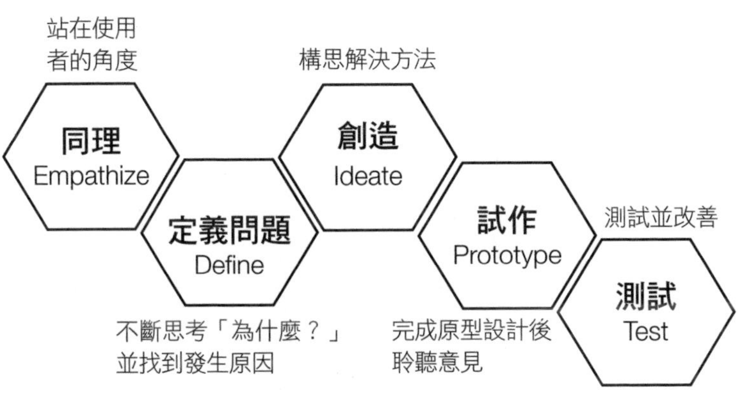

之道。

複雜的問題更要簡單思考，重點是確實掌握問題的本質。乍看之下難解的問題，在逐步解開每個因素後，就會發現它的本質出乎意料的簡單，如此一來，徹底解決的機率也會跟著提升。

菁英會從找到問題的地方開始思考，設法找出問題發生的原因。接著進一步分析這是什麼樣的問題、為什麼會發生。再來他們會建立假設、蒐集情報，驗證可能的原因中哪個才是最相關的，在找出問題的根本原因後才開始規畫解決方法。他們會規畫出問題的處理方法，與預防再度發生的方法，並加以實行。

一般人很容易在發生問題後，立刻從看到的地方著手解決。然而，像菁英一樣，按照「① 發現問題」→「② 分析問題」→「③ 規畫解決方案」的步驟整理思緒，才能用最短的途徑解決問題。

第2章

前5%菁英這樣想事情

1 有件事，他們看得比薪水更重要

菁英這麼做

○：工作的目標是達成自己的理想。

╳：工作的目標是獲得別人的認可。

我們向客戶企業的員工共十六萬人實施了問卷調查，其中一題是：「你什麼時候會感到幸福？」有五七％的一般員工回答「週六早上」。

一般員工覺得自己「平日被工作追著跑，時間一下子就過去了」，和菁英們相比，他們工作的時間較長，也經常得不到主管認可，工作日總是感到疲勞。

而週六早上不必為了早起上班而設定鬧鐘，能得到充分睡眠，許多一般員工會因此覺得幸福。

週五晚上覺得最幸福

另一方面，菁英感到最幸福的時間則是「週五晚上」。我們可以想像：從充滿壓力的工作中釋放，休假前夕總是令人雀躍不已。不過，在後續的調查中發現，**菁英在這時感覺到的並不是解放感，而是成就感**。有六二%的菁英在得到成就感時，會感受到工作有意義。他們以自身的成長與成就為目標，**幸福的來源是達成目標，而不是從工作中解放的喜悅**。

從這份調查中，可以發現以下特徵：達不到理想成果而感到徒勞與疲憊的一般員工，會在這種感覺得到抒解的週六早上感到幸福；而菁英則會好好訂定目標，並且在達成目標的週五晚上感到幸福。

我們接著再調查菁英的想法，發現他們各自都有明確的視野或方針。在他們的答案中，常有「同樣的錯誤不犯第二次」、「今天的我要比昨天有所成長」等發言。也就是說，菁英工作時是以改善與成長為目標。**他們的目的不是工作本身，而是工作帶來的成果**。因此，菁英獲得成就感是在工作達成目標、有所成果時，而不是工作結束的瞬間。

想讓這種想法滲透到整個組織，最有效的方法是讓員工徹底學會思考工作的目的，而不是高喊「自我實現」這種嚴肅的口號。主管必須不斷詢問部屬：這個工作的目的是什麼？怎樣才算成功？讓他們培養出自己思考工作目的的習慣。

我們請八間客戶企業進行實驗，發現工作目的明確的 A 組和目的不明確的 B 組，產生明顯差距。A 組的作業時間比 B 組短了一二%，產出的品質也比較高。

菁英的目標是自我實現

再進一步探討，會發現菁英與一般員工追尋的需求屬於不同層次。美國心理學家馬斯洛（Abraham Maslow）的知名學說「需求層次理論」，將人的需求分成五個層次，如下頁圖片所示，由下往上分別表示從低到高的需求層次。

日本是已開發國家，因此大部分國民的生理需求及安全需求，都已獲得滿足。往上一個需求層次則是「社交需求」，包括人際關係順利、得到他人的信賴等。再往上一個需求層次是「尊嚴需求」，也就是被人認可的需求。

我們調查十六萬人後發現，最多人認為自己的工作意義是尊嚴需求。例如，「受到客戶感謝」、「公司裡有人向我道謝」、「主管的主管叫我的名字」時會感到工作具有意義。

最後一個層次「自我實現需求」，則是以自己為主體，目標是不斷成長成為理想中的自己。需求層次並沒有好壞的區別，但以不同的需求層次為目標，採取的行動也會有所差異。調查後發現，菁英的需求多半超過了尊嚴需求，以自我實現為目標。也就是以自己為主

馬斯洛的需求層次理論

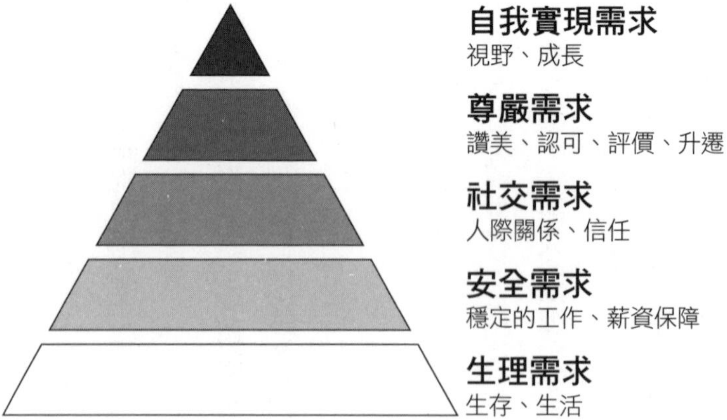

體，明確區分自己做得到與做不到的事，思考如何在自己能夠控制的範圍內，更接近理想目標。

也可以說，菁英不會透過追求他人的認可來肯定自己，而是以自身的成長為目標。**重要的不是對方如何評價，而是自己能多接近理想。**

這種自我實現需求是提升員工士氣不可或缺的條件。為了避免員工跳槽到其他公司，同時又想從其他公司手中搶到優秀人才，一般企業的常用手段是提高薪資，但這一招的效果已經越來越小。許多員工想要的是工作的價值與意義，菁英想要的是自我實現的成長。

員工期待的不是一時性的金錢報酬，而是透過工作能有所成長，並在工作中找到自己的存在意義。只以高薪為工作目的的員工正在不斷減少。

二〇一六年十二月，我們曾調查七千六百二十三名公司員工，其中回答「跳槽時最重視的條件是薪資」的人有四三％，在各項條件中排名第一且遙遙領先；但二〇一九年十二月，再調查八千九百零五名公司員工，回答跳槽時會把薪資條件擺第一的人只有三四％，三年間減少了九％之多。

另一方面，回答「最重視工作的意義與價值」的商務人士，則由一八%（二〇一六年）增加到二六%（二〇一九年）。

想從工作中找到自己的價值，這種積極的心態能讓人不畏懼市場與環境的變化，並將它們視為挑戰。歷史已經證明，提高應對變化的能力，正是企業與個人長久生存的必要條件。

不執著於暫時性的金錢報酬，而是以接近理想的自己為目標，更能找到工作的意義。

2

挑戰當然有風險，但會更接近成功

菁英這麼做

○：從失敗中學到經驗，就能越來越接近成功。
×：想到可能會失敗，就什麼都不做。

開始嘗試一件新事物，或是試圖改變現有的事物時，多少都有風險。然而，若因此而不嘗試，也不代表就此安全。在快速變遷的現代社會，無法適應外界變化而停滯不前，反而會帶來更大的風險。畢竟什麼都不做，當然也就無法成長。

也就是說，不論挑戰或不挑戰都會伴隨風險，因此必須放棄「零風險」這種想法。

挑戰是成功的前一步

詢問菁英們是如何思考新挑戰的好處與壞處後，發現他們的想法如後所述。

菁英們雖然認為新挑戰確實有壞處（有可能會遭遇失敗），但他們同時也認為，「若挑戰失敗，**只要將失敗當作成功的前一步，就不算是壞處**」。也就是說，菁英認為失敗有助於學習如何走向未來的成功，什麼都不做反而沒有任何好處。

當然在進行新挑戰之前，必須努力蒐集情報、思考計畫，將失敗的風險壓到最低。不過，不管蒐集再多情報、計畫再周詳，挑戰到底會成功還是失敗，不實際做做看不會知道。有許多事情，必須實際嘗試才會發現。

菁英對不進行任何挑戰的風險，也有十分獨到的見解。他們非常了解外界環境正在改變，因此認為自己若不改變，就會漸漸劣化，也會慢慢貶值。

職場上，我們可能都看過一些不願挑戰新事物的前輩，只能重複炫耀他們過去的英勇事蹟。菁英從他們身上理解到，不挑戰的人只會讓自己貶值，並將這種人當成負面範例，警惕自己「千萬不能變成這樣」。失敗了就回頭反省，把學到的經驗運用在下一次行動，成功的機率就會上升。只要持續挑戰，總有一天會成功。

當好處比壞處大時，就該採取行動

一般員工經常把成功與失敗，當成二選一的選項。然而，菁英的理解是，成功是在無數失敗之後才會到來。當然，他們會做好準備，以迴避致命性的失敗。這個迴避失敗的策略，就是小幅度的開始前進，並隨時修正。

想應對外界的變化，就必須挑戰新事物。雖然就像菁英所說的，挑戰一定會有風險，但若試圖把風險降到零，只會白白浪費時間與金錢，結果還是沒有改變。

菁英有一個習慣：當好處大於壞處時，就會採取行動。他們深知比起如何減少壞處，更有意義的是如何享用好處，並在這種清楚的認知下行動。一開始就知道自己的目的，會更積極思考該如何採取行動。

一直討論看不到的風險，只會停滯不前。先以小幅度開始前進，一邊修正、一邊將風險降到最低，才能越來越接近成功。

3

只要蒐集到六成情報，就行動

菁英這麼做

○：設定八成的精確度與目標值，持續邁步前進。
×：以完美為目標，花太多時間準備而無法前進。

我們曾經做過一個實驗，將接受測試的人分成試圖蒐集百分之百情報的A組，與蒐集到約六成的情報後就開始行動的B組，比較兩組的行動過程。

A組的特徵是充分準備後，自信滿滿的開始行動，但展開行動的時間較晚；B組則沒有花太多時間蒐集情報，開始行動的時間比A組快上許多，因此有足夠的時間回顧整個過程，並將經驗運用在下一次的行動，進而改善工作成果。

只要蒐集六成的情報，就開始行動

也就是說，不要一開始就以完美為目標，在中途一邊修正一邊前進，比較容易做出成果。

菁英們通常蒐集到六至七成情報後，就會立刻行動，因此他們會先決定事前準備要達到多少程度、花費多少時間，再用有效率的方式蒐集情報。此外，「主動蒐集情報」會比較花時間；**定期設定想調查的關鍵字，建立自動蒐集相關新聞的機制，才會有更好的效率。**

舉例來說，蒐集特定情報時，一般人會用關鍵字來搜尋，但若是需要多次搜尋同樣的關鍵字，則可以使用「Google 快訊」這個功能。只要事前輸入好想要追蹤的主題，當網路上出現情報時，就會自動發送通知。

如果一直以完美為目標努力，步調就會變慢。菁英會以做到八成當作目標，限制作業時間，刻意不以完美為目標。他們才因此得以持續前進，行動次數也跟著增加，也就更容易做出成果。

因為就算有了充滿創意的好點子，沒有實現就毫無意義。**以完美為目標規畫，會在準備工作上花費大量時間，有時甚至來不及行動就結束了。**本次調查中的菁英沒有完美主義者，他們只會確認重點無誤就開始行動，不會企圖蒐集到百分之百的情報。

不以完美為目標才能更輕鬆

以完美為目標的人，就算只是做一份簡報資料也會花費過多時間。因為想做出自己覺得完美，又能讓主管和客戶感到驚豔的簡報，就算是加班也要把它做得盡善盡美。當其他同事提出完成度只有八成的資料時，這些人就會覺得「他們根本不認真工作」而感到煩躁不已。以完美為目標的人就是會這麼痛苦。其實，以完美為目標的想法本身並沒有不好，比起那些沒幹勁而偷懶的人，完美主義還是比較值得讚賞。

但是，若要遵守「在短時間內做出更大的成果」這個規則，就必須決定捨棄某些不該做的事。因此我建議完美主義者必要時還是要請身邊的同事幫忙，合作解決困難的課題，若是你自己一個人煩躁不已，只會給旁人帶來麻煩。完美主義的人往往有想要自己一個人解決所有事情的毛病，建議這種性格的人要放鬆一些，才能夠享受人生。

有些菁英會故意犯些小錯

菁英也會犯錯，也會害怕失敗。其實許多菁英都很膽小又謹慎，即使理解累積失敗經驗之後就會成功，還是有約三成的菁英害怕失敗。不過，他們知道一味迴避失敗便無法成長，因此有時會故意犯下一些小失誤。

菁英們很重視事物能否重現複製，因此事先了解怎樣會失敗，是為了掌握在重要時刻不失敗的方法，或是能將風險降到最低的訣竅。故意犯些小錯，可以體驗到實際失敗時會是什麼狀況。

舉例來說，在郵件或通訊軟體打字時故意不仔細檢查錯字，在打錯字的狀況下直接送出，會發現其中影響並不如想像中的大。Girls Who Code[9]的創辦者瑞詩瑪・蕭哈尼（Reshma Saujani）曾說過：「**嘗試失敗後，就會發現以完美為目標有多沒意義。**」所以我們可以模仿一部分菁英的方法，先進行小規模的失誤測試。

9 由瑞詩瑪・蕭哈尼創立的非營利組織，旨在透過使年輕女性掌握必要的技能，來增加女性在計算機科學領域的就學與就業機會，消除性別差異。

4 成功的方法必須可以複製

菁英這麼做

○：尋找能持續做出成果的法則。

╳：出現短暫成果，就感到喜悅與滿足。

菁英會盡力發揮自己擁有的技能與能力，在公司內外都讓人留下深刻印象。他們即使在公司內調動部門，只要過一陣子就會有突出的成績，就算跳槽去別的公司也一樣會讓人印象深刻。他們能夠將外界環境與條件的影響，控制在一定範圍內，並具備思考力與行動力。

擁有技能與能力，代表一個人向其他人宣告「我能完成特定的任務」，且受到大家的認可。再進一步分析，**也就是能重現成功經驗。**

業界有一位在上市公司工作的超級業務員，因為促成許多大型商務案件，也帶領許多部屬創造成果，因此受到很高的評價，接到許多挖角邀約。這位超級業務的價值在於重現經驗，進而能夠在商務洽談中再次成功，他還是一位具有管理經驗的經理人，在任何環境下都能利用過去經驗管理部屬。「上市公司」、「經理人」都只是名片上的頭銜，一個人的價值在於能夠再度重現成功經驗。

執著於過去的榮耀沒有什麼意義，只有從這些經驗中得到什麼，並再次重現成功才有意義。因為「偶然跟上時代潮流而大賺一筆」就感到欣喜的公司，很快就會倒閉。有價值的公司會打造出員工可複製的商務模式，並配合時代的變化調整賺錢方式。冷靜分析順利與不順利的原因，徹底解析其中的結構與過程，抽出精華並靈活運用，賺錢企業就是這樣發展與生存的。

想提高自身的價值，建議從過去成功與失敗經驗中尋找。**解析過去的成功原因，了解其中的結構與過程，並具備重現成功經驗的能力，才是真正的價值。**

如果我們在失誤時才思考「為什麼會這樣」，找到原因並改善之後就滿足，就無法成為具備高度重現力的人。不只是失誤時需要回顧，成功時最好也要回頭思考。如果只有失敗時才檢討，就算能防止同樣的錯誤再度發生，但以同樣模式成功的可能性也會跟著降低。

成功一定有原因，只要好好掌握，就能找到通往成功的途徑，幫助我們穩定做出優良成果。

把流程步驟化與習慣化

調查菁英的工作習慣之後，我學到了「步驟化」的重要。

菁英們會在成功時整理出該次行動的步驟。整理出來之後，他們會刻意多次重複這些步驟，直到養成習慣。**步驟化與習慣化不僅是成功的捷徑，還能節省時間**。不過，他們不會覺得「這個步驟絕對是正確的」。他們經常會摸索更好的方法，每天都持續進化。雖然已獲得很高的評價，但並不滿足於現狀。

因此，他們會每天改變行動，並檢討後再改善。如果不像他們一樣有「想變得比現在更好」的欲望，就會停止成長。若不維持這個習慣，就無法成為具有重現力的人，甚至可能變成只會做某一件事的人。

複製成功經驗其實很困難。因此，能夠成功多次的人會得到眾人的信賴。**菁英就是一群能夠穩定獲得成功，並且持續成長的人。**

5 每兩週安排一次工作檢討

菁英這麼做

○：定期檢討工作，找出改善點。

×：每天被工作追著跑，根本沒時間檢討。

菁英們會安排檢討工作的時間。

他們是公司的王牌好手，手上有許多工作與洽商事宜。但即使在如此忙碌的行程中，他們還是會每兩週安排一次停下來思考的時間。

菁英檢討工作的比例，是其他員工的八倍。四八％的菁英會安排時間檢討自己的工作，而一般員工只有六％會這麼做。

花十五分鐘檢討工作內容

定期反省自己為什麼會這麼忙碌、是不是該抽掉一些工作、有沒有在哪些地方浪費時間，可以幫助我們將經驗運用在接下來的工作。檢討時間只要十五分鐘就夠了，再長也不要超過三十分鐘。週五傍晚或週三早上、在通勤時或出差的移動時間，都可以用來自我檢討。

藉由回顧與反省，可以避免犯同樣的錯誤、改善工作方式，同時提高自己的鬥志與他人的評價。

我之前在微軟擔任品管負責人，曾到客戶公司道歉過五百次以上，在這個痛苦的過程中，我學到的就是，內省真的很重要。

過去當我必須乘坐十小時的飛機，前往美國西雅圖的微軟總公司時，大都是因為有很大的問題需要解決，不得不前往總公司交涉，使我內心倍感壓力；而搭上從西雅圖回日本的班機時，則多半是問題已經解決，心情也比較輕鬆。問題要是沒解決就不能回日本，因此當我終於能搭上回日本的班機時，總是感到幸福又充實。

情緒穩定了，也就有時間用輕鬆的心情，檢討這回問題的解決方法、客戶的意見和指摘。

對難以調整時差的我來說，搭乘回國班機的這段時間是不宜睡覺的，可以盡情飲用星巴克的咖啡、讀讀書或是看錄好的足球比賽放鬆身心。同時，我也會檢視一連串解決問題的過程。在這段內省時間，我一定會寫筆記，運用在下次的行動。

透過內省持續成長

菁英們也是一樣，他們不需要來自他人的認可，而是用自己的價值觀自我肯定。同時，為了避免犯下同樣的錯誤，菁英會藉由檢討進行自我反省，確實訂定「不失敗的策略」，並將經驗運用在下一次的行動。

與菁英進行訪談時，他們甚至還會反問訪談員：「為什麼其他人不會檢討自己的工作？」

菁英之所以這麼做，不是因為來自公司或主管的指令，而是因為他們覺得自

己必須這麼做才能成長，因此會率先進行自我ＰＤＣＡ循環[10]**。**

如何運用時間、與其他人交際往來、發揮創意……菁英在各方面都有自己的做事方式，但其實這些方法都不特別，也很簡單。只要稍微提醒自己改變行動，你也能做到。

10 美國管理學家戴明（Deming）提出，包含規畫（Plan）、執行（Do）、查核（Check）、行動（Act）。企業若確實實施ＰＤＣＡ循環，就能從錯誤中學習、反省並成長。

6

成為讓主管最放心的人

菁英這麼做

○：累積現場經驗，學習許多實用技能。

×：認為取得證照和參加研習就能磨練技術。

菁英具有很強的行動力，他們會自發性的進行工作，也會積極尋找周邊的人協助。必須注意的是，受到別人要求或是逼不得已才行動，不能算是有行動力。重要的是，行動的起點必須是自己，而且也能為周遭的人帶來幫助。

面對重大問題時，若你能自發行動、找到周遭的人幫忙，並成功達成目標，這樣的自主行動能力，就會是你受人認同的優點。如果缺乏行動力，就會給人意志薄弱，容易隨波逐流的印象。

善用過去的經驗

有行動力的人對任何事都充滿好奇，會積極挑戰新事物。若你面對新事物不會躊躇，想率先嘗試，就會被認為是具有高度行動力的人。挑戰沒做過的事情需要能量，所以許多人都不喜歡挑戰未知的新領域。但其實不論結果如何，只要積極嘗試，就比較容易獲得讚賞；行動的結果若是成功，還會得到更高的評價。

因此，具有能夠挑戰任何事而不感到畏懼的行動力，又有在挑戰的領域獲得成功的目標達成力，這樣的人能在職場上得到好評。

上班族學習到的能力，有七〇%以上是來自工作現場累積的經驗。無論是什麼樣的工作，一定可以從中獲得各種經驗。當你必須換工作時，是要把新工作當成和前一份工作完全不同的任務，還是能靈活運用之前工作累積的經驗，這就是菁英與一般員工的重大差異。

菁英認為，成長是從每天的工作經驗中獲得的。就算沒有轉職，只是在同一間公司，異動到別的部門也是一樣。舉例來說，從業務部調到人資部門時，你的想法是「業務跟人資是完全不同的工作，無法使用之前的經驗」，還是「可以藉由業務的經驗，思考運用人才資源的方法」呢？這兩種想法，會讓成果有所不同。

菁英會靈活運用過去累積的經驗，並藉此前往下一個舞臺。利用在業務工作中，培養出的溝通技巧與快速製作文件等技能，在人資部門一樣能做出成果。如此一來，就算是調任到完全不同的職務，也會充滿幹勁。過去的經驗不會白白浪費，而是能夠善加運用的寶貴資訊。

能夠臨機應變

我們知道，為了確認工作進度，必須設計檢查點。只要途中檢查有發揮功效，工作就能有一定的成果；就算檢查時發現問題或意外，也不會因為無法應對而陷入恐慌，菁英訂定的檢討時間也具有這層意義。

菁英深知，無法應對意外的人，難以成為優秀人才。**菁英就是發生問題或意外時，能夠臨機應變的人才**。由於他們在工作中會不斷回顧、檢查，因此，即使發生預料之外的狀況，他們也不會慌亂或陷入恐慌，而是能夠有條有理的分析狀況，找出應變的最好方法。同事中若有這種應變能力極強的人，一定讓人感到十分可靠。主管也會覺得「可以安心把工作交給他們」。

有超強的臨機應變能力，而受到同事倚靠與主管信賴的人，就是公司最需要的菁英。

7 工作完成二〇％時就尋求建議

菁英這麼做

○：及早詢問他人意見，了解改善點，減少時間花費與壓力。

╳：提出後被退件，再拚命修正。

菁英會察言觀色，在適當的時機向別人搭話。他們發言時最常出現的句子是「可以借用一點時間嗎？」（詳細內容將在第三章說明）。而他們會搭話的對象包括主管與客戶。

另外，菁英為了在期限內提出品質比想像中更好的成果，會在過程中拚命縮小和對方之間的落差。

中途的反饋，是為了形成共同體

我們以問卷調查：「你認為造成長時間勞動的原因是什麼？」發現有八一%的一般員工都認為原因出在別人身上，例如公司花很多時間開朝會或定期會議，很少人會思考自己能帶頭改善哪些地方。另一方面，有六九%的菁英會檢討自己的行動，例如「沒有拿到訂單」或是「花太多時間製作精美資料」，這個比例是一般員工的三倍以上。

菁英的答案中，最特殊的是「被退件」。他們認為花時間製作好資料之後，被退件而必須重做，是在浪費時間。菁英理解被退件的原因，主要是在於跟對方的認知差異。就算事前有確實開會討論，彼此有所誤解也很常見。因此在進入細節的部分之前，必須先讓對方看看目前的狀態。

菁英除了會設定自己的檢討時間，還會在計畫中安排請對方提供建議的時機。客戶或主管給予反饋後，再根據這些反饋進行修正，讓自己的想像符合對方的想像，持續製作並完成最終成品。像這樣在途中詢問對方的意見，同時也能讓對方感覺實際參與了製作過程。

若對方覺得最終成品反映出自己的意見，就會認為「這也是我的作品」。當客戶或主管產生了這種認同感，就比較容易認可這份作品，也能建立彼此是共同體的良好關係。

重視別人給的反饋意見

提出資料或出貨後，一定要請對方提供反饋，例如感想或改善點等。

我曾看過一位菁英的筆記，洋洋灑灑列著每位客戶的反饋意見。菁英們知道若能將這些反省點運用在下次行動中，就能改善結果並節省製作時間。

若想鍛鍊溝通技巧，可以請尊敬的前輩或指導者觀看自己的簡報，並請他們給予建議。你可以請在你面前樂意對你說實話的人，直接指出你須改善的地方。就算得到的是負面評價，也不用沮喪。只要改善後，運用在下次的行動中就好。

我每週都會進行簡報，有時也會得到嚴厲的評論，或是在問卷中得到較差的評價。這時，我會積極思考「還好有找到自己沒發現的改善點」，鼓舞自己的士氣。**在我的經驗中，只得到正面的反饋其實十分危險。**因為當聽眾太顧慮講者的感受，或是根本不在意簡報的內容時，講者就無法得到反饋來檢討改進，也無法有好的收穫。

8

喜歡寫筆記，不斷說出自己的點子

菁英這麼做

○：安排發表意見與學習成果的機會，在公司內外留下好印象。

╳：只記得學習，忘了要運用學到的東西。

雖然菁英們常常提出精彩的意見或企劃，但根據調查，他們其實並非創造力特別強。

正因為他們不覺得自己具有優秀的創造力，所以更會盡量提出創意，詢問別人意見，積極建立與他人的關係。

創意不只靈光一閃，還需要眾人的累積

創新是由現有元素重新結合後產生的。具有不同經驗、性質不同的成員，聚在一起提出意見，組合後就會形成創新概念。因此，邀請價值觀不同的人加入團隊構思，是非常重要的。同時也必須有耐心面對多次的嘗試錯誤。菁英們了解這一點，因此會拓展人脈，且不斷行動並回顧檢討，將經驗運用在下一次的行動。

菁英還有一項特徵是，他們會積極說出自己想到的點子。相信讀者也都遇過，當主管要求想出好主意時或許沒有人會開口，但若他說的是「什麼都可以，總之給點意見吧」，就會有許多人提出自己的想法。其中有些點子看似非常無趣，但仔細審視，就會發現裡面也有很精彩的創意。用AI分析比較後也發現，在開頭兩分鐘安排閒聊時間的企劃會議，與一開始什麼都不做，立刻請與會者提出點子的企劃會議，前者出現的創意比後者多出許多。

菁英非常了解這個狀況，因此會持續發表企劃或點子。我們利用AI分析菁英的發言，**發現他們提出了許多點子，數量是一般員工的兩倍以上。**有些點子可能

還不錯，而當其他人也注意到這些創意，透過討論就會衍生出新的事業或結果。這些不斷累積的努力，會讓菁英的成果更加豐富精彩。

勤做筆記，重複輸出

同樣的東西就算學了再多次，需要使用的時候還是常常會忘記。人的大腦無法像電腦一樣，確實記憶只看過一次的資訊，必須不斷重複「輸出」（Output），才能深深記在腦海裡。

菁英之所以喜歡寫筆記，就是因為這個理由。因為重複多次寫下來、說出來、採取行動的過程之後，就能把學習到的內容，轉化為自己擁有的知識。藉此能不斷有高品質產出的人，在職場與業界會得到好評，在公司內外的市場價值也會升高。把自己經營成一個品牌、出版自己的書籍，甚至是當 YouTuber 賺錢。目前，有越來越多人能在不同領域中工作，同時擁有好幾個收入來源。

在私生活、工作、商務會談、演講等各方面都持續輸出，學習過的內容就會成為自己的一部分，進而提高工作的品質。你不妨也試著將日常中學到的事物重複輸出，例如閱讀書籍得到的知識、減重或美容方法、烹飪技巧等。

9 露出笑容的機率比別人多一・四倍

菁英這麼做

○：分享快樂，和身邊的人相處融洽。

╳：以為用嚴肅的表情委託或指示工作，對方就會採取行動。

在本次調查中，我們以網路攝影機等設備分析菁英的表情，把利用AI分析錄下的影片，其中的情緒分類成憤怒、輕蔑、厭惡、恐懼、喜悅、中立、悲傷與驚訝等八個項目。其中，菁英的「喜悅」指標特別高，**露出笑容的機率比一般員工多出一・四倍**。後續追加調查一般員工後發現，女性平常就會露出笑容的比例是四七%，男性則只有二五%。四十歲以上的男性面帶笑容的比例，更是不到二十多歲男性的三分之一，也遠低於全年齡女性的四分之一。

五秒決定合作關係

菁英為了完成工作，會不斷尋求他人協助。相信各位都知道，想要邀請工作夥伴時，面帶微笑會給人好的第一印象。

一位在物流企業工作的菁英，在調查中表示：「臉上沒笑容很吃虧。」當人集中精神工作時，常會不自覺皺眉、嘴角下垂，使自己看起來心情很差，或是肩膀緊繃導致駝背等，給人難親近的印象。明明只是集中精神工作，卻因為看起來「很難搭話」、「很難相處，不想跟他一起工作」、「無法輕鬆向那位前輩提問」，而在需要彼此合作時碰壁。

這位參與調查的菁英留下了令人印象深刻的發言：「笑容是很重要的工具，能讓別人覺得想和你一起工作。」

在另一份調查中發現，第一次和某個人一起工作時，我們會在見面的五秒鐘內，就判斷這個人是否值得信賴。由於五秒內就會決定彼此能否順利建立人際關係，因此比起笑容不多的一般員工，笑容較多的菁英更容易增加工作夥伴。

菁英非常重視第一印象。這是因為他們知道想在工作中抓住機會時，第一印象非常重要。想讓自己的溝通能力像他們一樣好，或許必須花上一段時間訓練，不過露出笑容是立刻就能做到的。這麼做可以親身體驗到面帶微笑工作給人的好印象，若能保持微笑的習慣，之後的工作進展也會更加順利。

笑容能讓人心靈相通

當一個人微笑時，周遭的人也會跟著露出笑容。

在會議開頭兩分鐘閒聊，能讓更多的人有笑容，可以保障與會者的心理安全感，會議中也會激盪出更多的點子。不過，不需要刻意逗對方笑。比起逗對方開心，更重要的是自己保持笑容。當你露出笑容，對方就會受到感染而跟著微笑。

比方說，當業務員和客戶談生意時，如果自己心裡「想賣出商品」的心情，和客戶「不會這麼簡單就買」的想法有所衝突，就會讓氣氛變差，談話也難以進展。在這種會談中，若能在開頭先閒聊一番，努力展露出笑容，就能讓對方感覺到

「接下來可以坦誠相對」。

在零售業的客戶企業中，我們訪談了一位業績極佳的超級業務員，他說自己正在鍛鍊閒聊的技巧。為了拉近和客戶的距離，他會記下池上彰[11]在電視節目中提到的冷知識與小常識，用來當拜訪客戶時的開場白。

「聊一些跟工作無關的話題，對方才會敞開心扉。」我至今還記得這位業務員滿面笑容的這麼說。他還說，只要一笑，就覺得自己的肩膀也放鬆了。

11 日本知名記者、電視節目主持人。

10 必做的三種準備，不做的三種損耗

菁英這麼做

〇：準備好隔天的待辦事項清單，每天早上都能有好的開始。

╳：熬夜工作造成疲勞無法恢復，早上無法有好的開始。

菁英了解準備的重要性，並對此擬定了策略。為了在行動前就提高成功率，他們會事先確保自己有時間進行修正，並擬定工作不順時的解決策略。八九%的一般員工，只靠著工作上軌道時的好氣氛，憑感覺前進；菁英則會掌握讓事情順利發展的成功因素，行動時思考「如何也在下一步重現」。

菁英會做的三種事前準備

菁英會在行動前明確界定目標，不會將手段變成目的，而且會盡快開始行動。在訪談中，發現他們會先做好三種事前準備後，再開始行動。

這三種事前準備分別是「自行設定高標」、「明確界定目的」與「決定完成期限」，都是開始行動前可以自行控制的事項。

「自行設定高標」是為了減少沒達成目標的風險，自行設定比原訂目標更高一些的標準，用來自我要求。若設定的標準過高，會令人想要放棄，幹勁也會消失，因此建議設定成踮腳尖能夠達成的高度，並以此為目標開始行動，即使中途發生變化，最後能夠達成目標的機率也會較高。

「明確界定目的」則是為了不讓手段成為目的的處理方法；「決定完成期限」後再行動，能夠提高效率。

事前確認工作清單

到公司之後才確認當天該做哪些工作的員工，與事前就掌握該做些什麼、一到公司就立刻開始工作的員工，兩者在這個時間點就已經有所差距。也就是說，能幹的人早在事前就毫無遺漏的掌握自己該做的工作。確認工作內容的方法通常是列出待辦事項清單，但每個員工具體使用的方法不同，有些人使用記事本記錄，有些人則利用智慧型手機的行程管理軟體。

菁英會事前就將該做的工作列成清單，在前一天就確認好隔天該做哪些工作。工作有優先順序，分成緊急度高的事項、只要在期限內完成就好的工作，或沒有期限的事項等。若能將這些工作都排列在時間軸上，就不用為了思考優先順序而苦惱。

但是，工作的優先順序其實經常改變。比方說，突然有了新的工作，或是碰到無法預測的突發狀況。菁英會確實掌握這些狀況變化，以具有彈性且適合的方式，抽換待辦事項清單。如果能在事前製作好清單，就能輕鬆的改變計畫。

減少三種損耗，就可以準時下班

我們調查後發現，**一般員工在快要下班時都十分忙碌；但菁英在這時的業務量，通常都比其他人少很多。**

假設表定下班時間是下午五點半，但這時很多員工仍在處理尚未結束的業務、準備隔天要交的提案資料，以及經費計算等行政作業。許多公司都會在晚上八點左右熄燈，因此有些人會趕在八點之前做完工作；而相反的，菁英最忙的時間是上午，到了傍晚，他們便已經做完當天所有該做的事，大致上都可以準時下班。

為什麼菁英做得到呢？其實是因為他們會事先預測所有工作需要的時間，並提早規畫。他們會在製作資料前先規畫策略，如果隔天有一場艱難的談判，就會在前一天做足調查，或是提早寫好給客戶的郵件，存在草稿箱裡。他們知道等到當天或必須工作時才慌張準備，會降低工作品質，因此會**及早準備，避免產生「焦慮帶來的損耗」**。

另外，調查也發現菁英們習慣在早上進行重要的工作。早上的郵件、電話與會議比較少，行程較能由自己決定。也就是說，他們知道早上是可以不被任何人打擾、專心工作的時間。假設過了中午，才下定決心「要好好認真工作了」，卻接到交辦其他工作的郵件，或是客戶打電話來而必須花時間應對，會導致**「注意力的損耗」**。但是菁英遇到這種情況的機會非常少。

另外，吃完午餐之後，尤其是**在下午三點前後**，血糖值的變化會讓人的注意力下降到最低，效率也最差。**菁英會在這段時間處理不花費腦力的行政作業**。之所以這麼做，是為了將**「效率的損耗」**控制在最低，因此會把不需用腦的工作排在下午三點前後。

菁英們這樣使用時間的方法，其實在醫學上也有依據。

我在微軟工作時曾接受過主管培訓課程，其中有一項是控制血糖計畫。這個計畫的用意，是為了在早上九點到下午五點的工作時間內達到最高效率，必須盡可能控制血糖的變化，把自己維持在最佳狀態。

這個計畫有固定的行動內容，例如早上攝取蛋白質與適度的醣類來溫暖身體，十點要吃蘋果，午餐則以蔬菜與蛋白質為主，餐後飲用礦泉水與咖啡，下午三點開始疲倦時，吃點堅果或水果乾等。

因此，早上集中注意力，下午不要勉強自己，慢慢提升幹勁，在醫學上，這種方法最能提高工作效率。菁英選擇在早上集中精神進行創造性的工作，容易懈怠的下午就不勉強自己，這在提高工作效率的安排上是非常正確的決定。為了做出比別人多好幾倍的成果，我們要做好健康管理，避免在想睡覺的時間做重要的工作，要在精神最好的時段集中注意力。

桌子周圍整齊乾淨

你是否也有要開始工作時，因找不到資料而感到困擾的經驗呢？需要時找不到需要的東西，會浪費時間。就算找的時間很短，但如果每次想用時都要找，累積起來也花了不少時間。尋找物品的時間，是完全沒有生產性的。

尋找物品的時間必須無限接近零。也就是說，平常就要維持整齊乾淨。除了桌子周圍，電腦的桌面也必須保持整齊清爽，這也是準備工作的一環。

第3章

菁英們讓自己被看見的口頭禪

1
「可以借用一點時間嗎？」

菁英這麼做
〇：關心對方，以輕鬆的方式溝通。
╳：認為別人看不起自己，盡量避免與人溝通。

公司的人際關係中，讓人最困擾的，大概是必須跟合不來的同事一起工作。在工作中，難免會遇到團隊內意見或想法對立的情形。菁英會巧妙的解決這樣的問題，甚至還會拉更多人成為夥伴。他們會和利害關係不同的同事建立圓滑的合作關係。

可能有些人會認為，善於建立人際關係的人一定十分外向積極，但其實許多菁英都是內向性格。他們不是利用話術哄騙對方，建立表面的人際關係，而是構築有意義的深層人脈。他們的目標，是和能夠幫助自己成長的人建立關係。

「可以借用一點時間嗎」當作開場白

我們實際調查了菁英是用什麼方法，在公司裡吸引同事、建立人脈。調查發現，**菁英善於和同事保持適當的距離感。他們會在不讓對方感到不愉快的範圍內，自然的搭話**。不一定是為了工作上的事，才找同事搭話，有時只是想關心、確認對方的狀況。

當然，在忙碌時被打擾是每個人都會反感的事。而**菁英會注意對方的狀態，在對方稍有餘力時再詢問：「可以借用一點時間嗎？」**他們會面帶笑容溝通，聽對方說話時也會笑著大力點頭。

就算彼此已經一段時間沒有聯絡，菁英仍會向對方表現出關心，以「想知道你現在過得怎麼樣」的輕鬆方式搭話，是一種很窩心的人際交流。

受害者心態，容易對工作不滿

我們曾針對十六萬三千名企業員工進行問卷調查，詢問：「對你而言，工作的意義是什麼？」結果發現，約八〇%的人答案與「受到認可」、「達成目標」以及「自由」三個關鍵字有關。

其中，與「受到認可」相關的答案最多，例如：受到感謝、有人對我說謝謝、得到好評價、主管的主管叫我的名字等。這是因為人類是社會性的動物，本能的希望能得到他人的認可。

另一份調查則詢問三千八百一十七名公司員工：「什麼時候會對工作產生不安或不滿？」有一七%的人回答「主管或同事瞧不起我的時候」。這些員工都集中在某幾間公司，因此我們再次進行深入訪談，發現這些公司裡，幾乎沒有瞧不起同事的員工，甚至還有很多人相當敬重同事（調查內容對外保密，我相信員工說的都是真心話）。

後來，我學了心理學後才知道，這些員工之所以覺得「別人瞧不起我」，或許可以用心理學上的心情一致性[12]（mood congruency）解釋。當你覺得別人瞧不起自己，就會一直從對方的言行細節中，找出這個人瞧不起你的證據，接著因此感到沮喪，無法從疑心生暗鬼的困境中掙脫。許多人都會在無意識中把自己當成被害者，這樣的人對周遭會展現出攻擊性，有時甚至會造成組織內部的混亂。

這種妄想別人瞧不起自己的心態該怎麼解決呢？我試著在行為心理學與溝通學中找尋方法。和專家討論過後，我們認為用「單純曝光效應」（mere exposure effect）能有效改善，並以這個方法進行實驗。

單純曝光效應又稱為「重複曝光效應」，是一種心理學現象，指人們會對接觸多次的人事物產生好感。目前已知的是，面對面微笑談話可以提高單純曝光效應的效果，因此我們請調查中有前述問題的四間公司，其主管、所有同事和當事人進行一對一的對話，每兩週談話一次約十五分鐘，扣除部分不願意配合的人員，最後有六七%的人確實執行。

實施兩個月後再度調查發現，過去回答「主管或同事瞧不起我」的人，有七八%都表示他們「誤會對方了」。從這個實驗中可以得知，提高溝通頻率，就能減少不必要的鑽牛角尖與過度的顧慮。

附帶一提，這四間進行實驗的公司之後規定，主管每個月都必須與部屬進行一對一談話，同時修改人事評價制度，不遵守上述決議的主管會被扣分。在改革一年後，這四間公司的員工滿意度，都比前一年至少上升了一八％，其中甚至有公司滿意度上升幅度高達三〇％以上。

為了在組織內保持順暢的溝通，主管可以在部屬稍有空閒時向他搭話，關心對方，建立良好的人際關係。菁英或許就是知道溝通的重要性，才會常常對同事說：「可以借用一點時間嗎？」

這種輕鬆隨意的溝通方法，若能在公司內形成習慣，可以提高員工心中的工作滿意度，對業務也會有正面的影響。

12　指接收訊息的人會根據當時心情及情況，對訊息產生不同印象，在心情好時傾向看見事物好的一面，而心情不好時更容易關注事物的壞處。

2 「或許是那樣，但我是這麼想的」

菁英這麼做

○：讓對方開心，同時也主張自己堅定的價值觀。

×：為了避免衝突，從頭到尾都在扮演「好人」。

公司裡若有許多處處配合他人的「好人」員工，對組織而言十分危險。因為他們不會去思考「為什麼現在一定要做這件事」，而是跟著組織的指示隨波逐流。

好人過度的體貼也會造成長時間過度勞動。在我們的客戶企業中，有二三％的工作都是出自部屬的過度體貼。例如，有員工會因為資料「看似很重要」而著手製作，或是為了不惹主管生氣而增加簡報的頁數，但實際上這些資料根本沒有派上用場。

除此之外，這些好人員工還可能會讓組織的弊端越來越嚴重。他們會依賴社會常識或道德等判斷基準，對這些基準深信不疑而停止自行思考，沒有自己的價值觀。結果就是陷入被動，只能迎合他人。

全是「好人」的組織一點都不好

好人員工們以為自己很遵守社會規範，是有常識的模範生，那些常不遵守規則的菁英在他們眼中根本是異類。因為菁英們喜歡自由勝過規律，比起過程更重視成果，對好人員工來說有時很礙事。他們會用「一般來說不會這麼做吧」、「這不是常識嗎」等說法，企圖抑止菁英尖銳的言行舉止。好人傾向認同多數，不接受多樣化。

菁英雖然不按牌理出牌，但因成果豐碩反而能獲得好評，而做不出成果的好人員工相對價值就會降低，這群好人們因此感受到威脅，所以他們會在暗地裡扯菁英的後腿。

好人員工會避免跟別人產生摩擦。就算自己的意見跟周遭其他人不同，他們也會因為害怕而選擇迎合，這樣就不會引起風波。對他們而言，這樣是最舒服的。

不過，一直保持這種狀態，總有一天會被貼上「沒有這個人也無所謂」的標籤。當公司開發新專案時，就不會找他們加入，他們能活躍的地方也越來越少。

摩擦是必要的，必須和不同性質的人事物摩擦才會產生創新（新的結合）。同樣性質的人互相迎合，不會引發任何化學反應。

二十多年前，我一畢業就進入通訊公司。那個時代，公司的產品與服務都十分強大，員工只要老老實實提供商品給客戶，就能得到好評價。

但到了現代，市場與客戶都已經改變，人事評價的基準與方法也發生了變化。能夠想出新點子的員工，才能得到發揮能力的機會。

讓對方開心說出 YES 的溝通術

只是單方面主張自己的意見，周遭的人並不會接受。

菁英在提出意見時，不會忘記對別人應有的顧慮與感謝。他們在發言前，會思考「如何才能讓大家心情愉快的配合我」。而他們除了會善用令人心情愉快的溝通技巧，還會帶頭幫助團隊成員。由於菁英平常就會主動幫助同事，當他們需要幫忙時，同事們也很樂意協助。

在公司裡，員工能靠一己之力達成的工作十分有限，因此是否能得到周遭其他人的協助，也是評估一個人工作能力的重要指標。

優秀人士的共通特徵是，在必要時一定會請求別人幫忙。因為自己一個人能從頭到尾完成的工作不多，大部分工作都必須和其他人合作，與別人工作時也會互相影響、創造新的火花。

許多一般員工都想要一次搞定提案，因此只要意見不被接受，就會像人格被否定一樣沮喪難過，有些人甚至還會惱羞成怒。而菁英希望別人接受自己的意見時，會事先準備好用來說服反對派的根據與邏輯；**但在此同時，也需要參考別人的意見，讓自己的想法更加完善。因此，和他人溝通時，一開始要先說「沒錯」，接受對方的意見之後，再主張「我是這樣想的」。**

我們必須對事物有屬於自己的穩固價值觀與評價基準。工作成果出色的菁英們，都具有一般員工缺乏的明確信念與價值觀。他們對自己有自信和強烈的信念，只要決定目標，就能夠快速前進，不會中途迷失。這點就是菁英和一般員工最大的差異。

從不停止思考，所以會懷疑常識

菁英會不斷的內省，淬鍊出自己獨有的價值觀。他們還會根據這個價值觀，質疑一般人相信的常識與道德。他們會從「NO」的立場，思考大家都說「YES」的事物。以更多樣化的思考找尋依據，確認是否符合自己的價值觀。

他們也會用這樣的觀點看新聞。看到「新冠肺炎疫情，造成衛生紙供不應求」時，他們會思考「這條新聞的根據是什麼」，接著確認國內的衛生紙是本國製而非中國製，再查看家裡的庫存並決定下一步行動是什麼。

菁英在看書時也會這麼做。他們想買車時，不會去看「購車指南」，而是選擇內容完全相反，主張「反對買車」的書籍。如此一來，就可以看到只想著買車時沒注意到的風險，找到更能滿足自己的買車策略。

3 「真棒」「沒錯」「你好厲害」

菁英這麼做

以點頭與附和表達自己認同對方。

本次調查發現，**菁英表達感謝的頻率是一般員工的三・二倍**，他們會自然的向身邊的團隊成員道謝。尤其是菁英中的主管，**誇獎部屬的頻率是一般主管的四倍以上**，這不是裝模作樣或別有企圖，而是像口頭禪一樣，自然的說出「謝謝」。

另一方面，我們觀察人事評價前二〇%的員工後發現，他們說「謝謝」的頻率非常低。這些前段班員工大都是自信滿滿的獨行俠，給人「我一個人就能完成工作」的印象。相反的，菁英非常謙虛，會尋求他人幫助，並真誠表達感謝。

或許有些人的確能把個人的能力發揮到極限，但若要讓整個團隊都能做出最大的成果，就要學習菁英的行動方式。

好好表達感謝

每個人都想要擁有優秀的能力，當這種願望受到外界認同時，會促使我們更積極認為：「我可以做得更好！」也會更有動機挑戰新事物。我們對十二間公司約八千名員工進行實驗，請這些人在一段期間內刻意多感謝別人，可以面對面直接說，也可以寄電子郵件或用通訊軟體傳訊息，把內心的感謝轉化為言語表達。

剛開始，這些人也羞於直接表達謝意。但當他們慢慢開始說出感謝，就有更多人受到影響，開始向別人道謝。有趣的是，實驗結束後進行的問卷調查發現，六三%的人都收到了「意想不到的人的感謝」。也就是說，許多人明明有感謝之情卻沒有主動說出口。

受到感謝與認同，會讓人感到幸福，也同時提升了工作的幹勁與士氣。不過，**沒有根據的讚美是沒有意義的，不必要的讚美會讓對方得意洋洋。**

我們曾在一間精密儀器製造商，進行認同與工作表現的行為實驗。我們隨機選出十二名實驗對象，請其他七十九名員工刻意對這十二人表達出心裡的感謝。

這十二名實驗對象並不知道實驗內容。同事會在走廊上擦肩而過時說「謝謝你那時候準備的資料」，或是用即時通訊軟體的聊天功能說「之前謝謝你幫忙」。並追蹤他們後續有什麼變化。雖然無法對十二名對象都以同樣的條件進行實驗，但確實發現這些人的行動有改變。

其中最明顯的是，與實驗前相比，他們回覆郵件與通訊軟體的速度變快了，製作資料的時間也縮短了九％，早上到公司的時間也提早了十八分鐘。在後續的調查中發現，他們和同事說話、詢問意見，或是靜下來思考作業流程的時間增加了一三％；有聯繫往來的人數增加了二〇％，是因為他們會邀向自己道謝的同事一起吃午餐。

而這十二名員工的同事，也有些人發現自己抱怨的次數變少，更能夠愉快的集中精神、專心工作。

這個實驗有許多變數，可能無法當作通則來看，但其中有十人確實因為受到感謝，而變得積極主動，與人的接觸變多，也更能集中精神工作。從這個實驗的結果可以假設，感謝與認同會帶來心理上的良性影響，也對業務處理有好的效果。

除了言語，有些肢體動作也可以表現認可與共鳴，例如拍手與點頭。菁英在聽人說話時會擺動身體，利用動作與表情，表示正在聆聽對方的發言。他們聽人說話時肢體動作比一般員工更大，因此會比較顯眼。此外，他們在說話時身體也會正對著對方，聽人說話時肩線正面朝向對方，並慢慢點頭，臉上保持著笑容。有趣的是，這樣也能讓對方臉上出現笑容，和他們一樣慢慢點頭，開心的繼續交談。

提高組織整體的效能

優秀的主管之所以經常讚美部屬，是因為他們已經養成了無論是否有成果，都要好好用言語表達出來的習慣。就算心裡有想法，如果不說出來對方就不會知道。當主管能夠對部屬表現情緒，並將想法化為語言，就能提振部屬的士氣，也有機會藉此提高部屬的工作效率。

受人感謝會產生強大的正面能量。從剛才精密儀器製造商的實驗已經證明，「感謝」可以提升員工的行動。而且，對身邊的人表達感謝並不花費任何成本，非常值得。

間接認同的威力

人們有時會將認同與讚賞直接告訴對方，有時則是間接傳到對方耳中。直接面對面表達讚賞當然會令對方開心，不過，間接從其他人那裡聽到的讚美，似乎更具有效果。

菁英就不會直接讚美對方，而是會告訴對方認識的人。

「他這點真的很棒。」
「他替我做了這件事，真是幫了我的大忙。」
「他說你很棒耶。」

他們會用這種方式表達認同。

間接認同需要花一點時間才會傳到本人耳中，但效果十分驚人。從別人那裡聽到某人的優點後，轉述給本人也有很棒的效果，請一定要試試看。

4

「我們一起試試看吧」

菁英這麼做
發言次數多，但時間短。

我們以錄影保存七千小時以上，共二十二間客戶企業的公司內部會議，分析什麼樣的會議能做出什麼樣的成果，以及哪些狀況會拉低會議的效率。同時也調查了各公司菁英的言行，以ＡＩ進行菁英與一般員工的交叉分析，發現**菁英的發言次數比一般員工多了三二％**。

菁英們雖然會不斷發言、提出大量的意見，但發言並不冗長，他們不會一再重複同樣的詞句。錄下他們的發言並整理成逐字稿後發現，**發言字數比一般員工少了二七％，時間也短了二四％**。

菁英發言的特色是簡潔而清晰

菁英的發言十分簡潔又坦白，不會用隱喻或暗示等迂迴的方式，而是直接說出YES或NO。他們經常利用數據、以邏輯說服對方，令人心悅誠服。

菁英說「不」的時候，不會屈服於同儕壓力，會以數字等證據明確的反駁；同意其他與會者的意見時，也會用言語或行動來表示。他們會說「原來如此」、「這很棒」、「真不錯」，表示贊同的次數比一般員工多出一七%。此外，他們也會用笑或拍手來表示認同對方。菁英的發言是有意義的，他們不浪費時間，會明確贊同對方，也會與意見不同的人對話並反駁他們。

我們以網路攝影機與錄音器等設備錄下會議，發現菁英會在表示同意與認同時放大音量。尤其是給予肯定答案時，他們的聲音會特別高亢，大聲說出「好！」「沒錯！」「就是這樣！」等三個關鍵字。他們的心情濃縮在這些字句中，大聲說出積極的發言，能使原本凝重的氣氛一掃而空。企業中總是有員工在會議中不小心打瞌睡，有時菁英似乎也是為了叫醒這些人，才故意大聲說話。

在另一份調查中，分析菁英們的聲音特徵後發現，他們的音域比一般員工低一些，且聽起來十分清晰，音量大小則沒有差別。這些特徵與聽起來舒適的聲音條件符合，不會讓聽的人感到不舒服。

用「Let's」統整結論

菁英和其他員工比較起來還有一項特徵，就是他們發言時常用「Let's」開頭，例如「一起〇〇吧」、「我們試試看〇〇吧」。

會議最後若沒有決定行動方案，就不會有成果。菁英十分明白，在會議做出決定後，必須盡快決定行動方針。一定要決定做或不做，以及誰做哪些工作，否則就無法前進。

即使在討論有風險的專案，菁英們也會把話題帶到決定下一步行動，藉此提高與會者的士氣。當然，他們會主動幫助身邊的團隊成員，因此經常促使大家承接任務，並提出協助方案。如果有無人認領的工作，他們也會率先提出分配方法。他們認為花時間爭論誰做哪些工作很沒有生產性，因此提案時會說「這個工作交給很拿手的A來做」。

在會議的最後五分鐘，菁英們會以「Let's」句型的積極發言，促使大家統整出結論。

5 「沒錯，但再加上這個會更好」

菁英這麼做
用 YES 開頭，也用 YES 結尾。

菁英們知道，認為自己做不到的瞬間，事情就不可能再進行下去。福特汽車的創始人亨利・福特（Henry Ford）說過：「覺得自己做得到和做不到，兩種想法其實都是正確的。」意思是不論有多努力要達成目標，但若不相信能做到，就無法真的達成。菁英不會思考做不到的理由，他們想的是能夠做到的方法。因此，在會議中提出意見時，他們通常不會選擇「NO」當開頭，而是會先說「YES」。為了鼓勵其他人積極面對，發言的最後也會用「YES」收尾。有的菁英甚至直言：「會議的目的之一，就是讓與會者在會議結束後立即行動。」

當對話中的ＹＥＳ變多，也會讓對方難以立刻反駁。這種心理話術叫做「YES SET語言」，可以讓對方在談話中感到舒適，提高對方的信賴。即使話題本身很嚴肅，對話後也會留下好印象。

菁英會思考如何促使對方說出「ＹＥＳ」並開始行動。他們十分了解當對方對你有好感時，就能把你說的話聽進心裡。因此，菁英會用第一個「ＹＥＳ」認同對方，讓對方覺得舒服。人只要被當成主角就會感到滿足，得到認同之後士氣和業績就會提升，離職率和惹出問題的機率也會降低。我們的各種行動實驗也已證實，受到認同之後，員工的業績就會跟著升高。

菁英會對剛認識的人提出問題，不只是想了解對方正在做什麼，也是為了理解他工作的方式，同時找出對方最引以為傲的部分。我們個別訪談菁英後，發現他們不僅會確認談話對象的狀況，也會試圖找出對方的強項。之後，他們還會評估對方的強項與自己的長處、短處能不能相互組合，若找到相乘效果值得期待的強項時，會再度向對方表達認可。

第4章
行動力比別人強的祕訣

1 經常不在座位上，主動找重要人士談話

菁英這麼做
只有兩成的時間待在座位上。

比較菁英與一般員工的行動後發現，**菁英待在自己座位上的時間壓倒性的短**。由於優異的能力，他們經常被主管叫去開會磋商。不僅如此，他們還會主動頻繁離開座位，有時是離開公司找重要人士談話，有時則在公司裡和其他部門的同事搭話。

不論哪個業界，所要面對的課題都越來越複雜，無法單由一個部門解決。為了解決問題，需要的不是個人能力而是團隊的力量。一群擁有不同智慧的人提出的各種創意，才能催生嶄新的解決方法。

積極尋找夥伴

菁英的另一個特徵是，「擁有許多與別人的接觸點」。

除了訪問客戶時，菁英在公司裡也會積極行動，主動和人建立接觸點。對於不同部門、不同世代的人，他們會用通訊軟體增加會議以外的對話機會。與別人建立起關係之後，就能將別人拉進來一起合作。課題越是複雜，就越需要和各種不同的人建立小組，才能快速找到解決方式。

工作夥伴增加，代表可以委託的對象也跟著增加。菁英會將不需要自己親自做的事，和可以交辦的事，都交給夥伴執行。「大家一起動起來」可以提高工作的品質，同時減少每個人工作的時間。

在本次調查中，我們請被挑選為研究對象的菁英與一般員工都配戴計步器。當然，不同的公司、業務類型與工作型態，走動的步數有所差異，因此我們又請跟他們同一間公司、同一個職位的員工都戴上計步器，統計他們行走的步數。比較後發現，**菁英在企業內移動的步數比一般員工多出一四%**。

此外，我們也在菁英的辦公桌附近架設定點攝影機，測量他們在自己的座位上工作的時間，發現**有半數以上的菁英，待在自己的座位上工作的時間不到兩成。**從這個調查數據中可以發現，菁英們的活動量相當大。

過去生產導向的時代，創新是從研究開發室或高層會議室產生，消費者則是根據公司名、品牌、功能與價格來選購商品。然而，在現今體驗消費的時代，創新不會出現在研究開發室，而是出現在市場。若要敏銳的察覺客戶、市場與社會的問題，就必須與別人接觸。和想法不同、身處環境不同的人對話與交流，常會促使我們產生新的靈感。

菁英為了創新，會自然的和許多部門的人溝通，因此他們很少待在自己的座位上，多半都和其他部門的人（優秀的員工）待在一起。遇到重大問題時，有可能須向他人求助，因此找到許多擁有自己所欠缺能力的夥伴，是工作上能否有成就的重大關鍵。

先用 Give 獲得對方的信任

菁英們很清楚，同事或合作對象之所以願意配合，不是因為你表達了自己的意見，而是對方接收到了你的意見。也就是說，要讓對方覺得「這個人的說法可以相信」。因此，如果能先建立信任感，接下來就只需要思考讓對方接收的內容與傳達方式。

要建立良好的信任，必須先給予（Give）對方。接著在碰到困擾時，就能得到（Get）對方的幫助。因此，菁英會拚命支援別人。這是出於回報心理，當對方幫你做了某件事，你也會想要回報他。

必須注意的是，不能老是單方面請對方幫忙，你必須用「Give & Get」的方式巧妙建立起人際關係。

菁英的另一大特徵是「行動第一」。在公司內，菁英經常率先承接自己擅長的任務。

菁英就是這種能夠自行思考且立刻行動的人。接手一份工作或責任時，他們不會只執行被交付的任務，而是會以俯瞰的角度思考。他們會不斷反覆問自己這份工作的意義，以及「它的本質是什麼」、「為了誰而做」、「能做出哪些成果」，並立刻採取行動。如果你習慣一直待在自己的座位上，或是只和同部門的人來往，建議你該學習菁英的行動方式。

2 郵件回覆用字簡潔，但不讓人覺得冷淡

菁英這麼做

快速回覆，處理速度就能快三倍。

菁英的行動特徵在於他們反應特別快。他們會很快回覆從公司內外收到的郵件或訊息。他們知道讓對方等得越久，工作的進度就會越慢。

相信各位讀者都有類似的經驗。請想像一下「只差一通對方的郵件或電話就能結束工作，卻遲遲等不到回音」的狀況。此時的你一定會感到焦躁不已，內心暗自大罵「那傢伙在幹什麼啊」。然而，這種狀況有六成都是因為你的回信或反應太慢而導致。

能夠立刻回應對方的委託或確認訊息，工作的步調就會加快，效率也會提高。

菁英快速回覆郵件的方法

菁英為了立刻能回覆對方，在寫郵件的方法上也下了一番功夫。最值得注意的是郵件的字數——在我們的調查中發現，菁英送出的郵件都非常簡潔，使用AI分析後，結果便一目了然。事實上，**郵件的正文只要超過一百零五字，對方閱讀的機率就會大幅下降。而職位越高的人，越重視明確的主旨與簡單明瞭的內文，把它看得比禮貌更重要。**

該如何才能用更少的力氣，又能讓對方採取行動呢？

我們發現，菁英在郵件裡幾乎不會使用「酷熱的天氣已經持續了好一陣子」，或是「前幾天的聚會非常愉快」等寒暄句。如果是公司內部往來的郵件，他們甚至連「辛苦了」都不會寫。郵件內容省略到這個地步，可能會有人覺得好冷淡、好沒禮貌。但其實，**「不會讓人覺得沒禮貌」正是菁英的獨門祕訣。**

因為他們平時就和傳送重要郵件對象（主管或客戶）密切聯絡，彼此已經不是在郵件裡少寫一句「辛苦了」就會被責備的關係。郵件文章短，寫的時間也會比較短，就能把時間用在其他的工作上。因為字數少，方便閱讀，對方的回覆也會比較快，因此所有工作都能迅速進行。

附帶一提，「立即回信」其實是全球的菁英都在實踐的工作技巧。全世界的菁英不論工作時程排得多緊密，還是會盡快回覆郵件。曾任職投資銀行、顧問諮詢業的全球投資家金武貴也說，極為忙碌的知名企業家、國會議員與處事幹練的商務人士，多半都會立即回覆郵件。

別讓對方等待

分析菁英的行動，發現他們常把兩句話掛在嘴邊。這兩句魔法語言可以讓工作更有效率：「**可以借用一點時間嗎？**」和「**沒辦法**」。兩句都是非常簡單的話，不過，能不能說出它們，正是一個人工作做得好或不好的分水嶺。

工作效率不佳的人，通常都是寫很長的郵件拜託別人，例如：「我想討論這個，可不可以在下週四撥一小時出來談？」不知道對方這個時間有沒有空，代表之後可能還需要時間調整行程；更重要的是，討論可能不需要花到一小時，但預約了這個時間，就會真的花到一小時。

菁英在意對方的時間安排，因此在跟別人討論時，會問：「可以借用一點時間嗎？」若對方答應，他們就會盡力在有限的時間內達成目的。講話只說重點，彼此都很愉快。

另外一句「這個沒辦法」也是很重要的話。

菁英的工作能力很好，因此會有許多任務與協商找上門來。若是照單全收，能花在該做的事的時間就會變少。所以他們會明確界定自己該做什麼、不該做什麼，並拒絕沒辦法做到的事，這對他們來說非常自然。

今後，ＡＩ會融入職場，人類必須決定該做以及不做哪些事，其中又以判斷「不做哪些事」的能力最為重要。這是一個值得參考的重點。

立刻回覆郵件可以提高自己與對方的工作速度，也能讓對方覺得你是個工作能力很好的人。

3 不怕做決定，不怕扛責任

菁英這麼做

七五%的菁英非常重視第一次行動。

工作一定會遇上麻煩。菁英很清楚最好在問題變嚴重之前先採取行動。舉例來說，發生火災時及早滅火就能防止延燒。在開始起火時就著手滅火，很容易就能撲滅火勢，因此第一步行動是很重要的。

有一間重機械公司，因為與員工之間的糾紛而前來找我們協助。調查之後發現，與我們接洽的正是該公司的菁英。這位菁英是人資部門的員工，處理糾紛時，她按照自己的判斷立刻聯絡勞資事務師等專業人士[13]，以及勞動基準監督署，對該員工進行了正確的應對。

我則是以工作方式改革顧問與道歉專家兩個立場從旁協助。原本是一件可能鬧上法庭的糾紛，最後並沒有釀成大問題。

必須在一發不可收拾之前快速應對

我之前在微軟工作時，有三年半的時間擔任品管的最高負責人。

在這段期間，我曾去客戶的公司道歉五百次以上。每天都會出現數不清的問題，例如中斷了客戶的系統運作、送出的帳單金額有誤等，其中最常遇到的是雲端服務的故障。數據中心發生問題導致服務中止時，我收到了來自數百間公司的提問。這類服務故障必須在發生後一小時內排除，才能將客戶受到的影響控制在最小

13 日本的政府組織，由各地方政府的勞動局管轄，主要負責取締搜查違反勞動基準法的公司、勞保給付等事項。

限度。

問題發生的第一時間，我們必須立刻蒐集資訊並告知客戶，例如是否有迴避問題的方法、有沒有替代方案、問題還要幾個小時才能解決等。公司也事先準備好了一次對眾多客戶發送簡訊的系統。當然，發生問題的部門也有疏漏，有許多需要反省與改進的點。不過，出事時若一開始便正確應對，可以讓客戶受到的衝擊減到最低。這是我在五百次道歉中學到的心得。

感覺問題快要發生時，如果第一步能夠巧妙應對，就不會釀成大禍。

然而，第一步如果走錯，就會造成雙方在情緒上對立，常會導致無法挽回的局面。在前述案例中，需要迅速且正確的應對，向曾經解決過相同問題的第三者請教，是避免狀況惡化的關鍵。

如果需要外界人士出手協助，就代表需要負擔相對的費用，這也是必須考慮的重點之一。但若是選擇集合公司內部相關人士，召開數次會議討論解決方法，在這段漫長的過程中，可能會讓原本的小火苗燒得更旺；其中若有人反對找外部專家處理，還必須花時間說服，時間一旦拉長，火勢可能越燒越旺。

這個案例之所以能依靠公司內外有經驗與實際成績的人，在火還不旺的時候成功滅火，靠的就是那位菁英人資的聰明決定。她向外部專家購買了正確的應對方式與時間。處理問題時，如果擅自做了超出自身責任範圍的事情，就是違反企業規則。在自己的裁量範圍內果斷下決定，才能快速解決。

另外，菁英在處理問題時會有「B 計畫」（第一個計畫失敗時的備案）。在這個案例中，人資也先聯絡了律師，在狀況惡化時就能立刻做好打官司的準備。

賦予任務及行動的權利

把裁量權交給個人，讓員工自行思考並快速行動，這樣的組織就會十分強大。我曾參與六百零五間公司的工作方式改革，其中有一間物流公司在前來找我諮詢時就已經成功了。

這間公司來找我並不是為了解決問題，而是希望我協助他們建立進一步提高收益的「獲利改革」。聽說他們在工作方式改革上並沒有問題，我進一步觀察後發現，這間公司賦予現場員工自由與責任，是重視自主性的組織。

這間公司的員工常掛在嘴邊的一句話是「第一步行動要快」。不是什麼都沒想就行動，而是讓各個員工運用經驗自行判斷。當然不是一切都能進行得那麼順利，但這間公司有發生問題時能以團隊支援的制度。公司內的菁英是這麼說的：「整天光是思考，會錯失商機。開會討論只會讓問題變嚴重而無法收拾。這種快速行動守則已經深入公司，幾乎每個員工都想嘗試商務開發等等的新挑戰。」

想解決複雜的問題，就需要許多解決方案。這時，建議借助各種成員的力量，盡量增加意見的數量。另一方面，在需要快速應對的緊急狀況下，需要的是個人的實踐力（行動力＋結果）。創造力是重視多樣性的團體賽，而實踐力是重視速度的個人賽。

各個組織的領導者需要保持這兩者的平衡。

4 喜歡新事物，換手機的速度是別人的兩倍

菁英這麼做
大量接觸新資訊。

菁英們有習慣接收新資訊的傾向。他們的特徵是好奇心旺盛，而且喜歡新的事物。

新的挑戰一定有風險，但菁英認為若好處比壞處多，就應該試著挑戰。因此，他們不會猶豫，對自己目前不具備的情報與技能都很有興趣，熱衷於學習這些事物。

樂於接觸新資訊

菁英會努力磨練各種技巧，他們興趣很廣，也會利用能蒐集各種資訊的工具，例如使用 Google 快訊事先設定好關鍵字主題以便蒐集新聞，或是養成用 NewsPicks[14] 閱覽專家意見的習慣，不斷吸收資訊。

另外，他們蒐集資訊時不會有先入為主的觀念，因此有興趣的事物會經常改變。七八％的菁英認為自己喜歡新事物，六一％的菁英使用發售不到一年的智慧型手機，換手機的速度也是一般員工的兩倍。

菁英喜歡變化與刺激，平常就會吸收新事物的大量資訊，當市場中出現新的商品，他們會以令人驚訝的速度飛撲上去。同時，他們也會因為「就是想吃這個」、「就算要預訂也要買到」之類的目的，而特地出遠門或硬擠出時間。由此可以發現，菁英只要有目的，就不在意會花費的功夫，具有超強的行動力與活力。

菁英喜歡新事物，其中有許多人覺得「得到新商品」是很有意義的事。因此他們總是會下手購買新產品，就算是冷靜思考後會覺得不需要的東西也一樣。他們的目的不只為了要靈活運用新商品，也包括「得到新商品」這件事在內。

下週一再開始改善行動

我們對當週沒做成或中斷的工作，通常會有較強烈的記憶與印象，這是一種偏誤，叫做「蔡格尼效應[15]」（Zeigarnik effect）。連續劇或廣告中常看到的「後續發展請上網搜尋」，就是一種利用蔡格尼效應的手法。

由此可知，如果事情沒有完成，我們就會感到有壓力，因此會努力完成，藉

---

14 二〇一五年成立的日本媒體平臺，每天自製、彙整日本及國際的商業新聞，且具有社群平臺的功能，商界人士可以秀出本名、公司名稱及職稱，對感興趣的新聞具名發表評論。截至二〇一九年底，約有四百七十萬免費及付費會員。

15 心理學家蔡格尼（Bluma Zeigarnik）提出，人們天生具備做事有始有終的驅動力，會忘記已完成的工作，是因為欲完成的動機已經得到滿足；如果工作尚未完成，便會令人留下深刻印象，想完成它。這種解決未遂的深刻印象稱為「蔡格尼效應」。

此得到成就感。尤其是失敗會令人特別在意，希望藉由改善而得到好的結果，避免造成自身的壓力。

菁英會藉由定期自我檢討再次提高自己的效率。他們多半會在週五下午檢討當週的工作，並安排下一步的行動。他們也會在記事本或軟體上寫出下週開始實施的改善方案，當成備忘錄。

大部分一般員工在週日傍晚，意識到週末快要結束時，都會悶悶不樂。這是因為下週該做的事情很不明確，不知道未來會發生什麼事的不安情緒所導致。

菁英為了避免這種曖昧的不安情緒，會在週五就明確安排好工作方案，修正自己的行動。他們非常喜歡新的挑戰，在週五安排改善方案時就會雀躍不已，但制定好改善方案後不會立刻行動，而是先擱著，等到下週一再開始。

這就是蔡格尼效應的應用。以滿懷期待的狀態進入週末，告訴自己下週可以進行下一步行動，週一就能用雀躍興奮的心情去上班。

5 立刻實踐剛學到的知識

菁英這麼做

參加公司內研習後，把知識付諸行動的機率是別人的七倍。

不先決定好攻克哪座山，就無法開始爬山。同樣的道理，我們不能以工作方式改革為目標，因為改變工作方式不是目的，而是手段。

例如減少加班時間也只是一種手段，目標是檢討業務流程，將時間重新分配到未來需要的事物上。企業真正需要的，是能提高獲利的事業開發（獲利方式改革）與員工的技能升級（學習方式改革）。

研習的目的不是學習本身

許多企業都致力於舉辦員工研習。不過，研習的目的不是學習本身，而是將學到的技能運用在工作上。若沒有設定這個目的，不論研習內容有多好，都無法達成。因此，研習的成果不該從員工的滿意度來衡量，而是必須追蹤員工是否確實將學到的東西付諸實行，再由此來判斷成果。學了好的技能，卻無法應用在工作上就沒有意義了。就和吸收了知識卻沒有產出成果一樣。

研習的滿意度提高，會讓員工的行動意願跟著提高。不過，學到的知識隔天可能就會被拋在腦後，因此需要一些機緣或動機，讓員工想起曾經學過的技能，並實際應用在工作中。就算研習的滿意度超過九〇％，但實際行動的人不到一成，就代表這場研習其實是失敗的。

我們調查客戶企業後發現，即使是滿意度九〇％以上的研習，隔天沒有付諸實行的聽講者還是高達六成以上。**而針對菁英調查，他們有七八％會在兩週內，將研習學到的技能運用在工作中。**因此我們建議企業在研習後，設計提高運用機率的獎勵與檢查機制。

在八間徹底執行研習後追蹤調查的客戶企業中，有七成以上的員工參加研習後，會將所學實際應用到工作中，這些人也有極高的比例，再參加其他公司內的其他研習。

員工在實踐所學後，會改變自己的思維，並再度提高學習意願。藉此學習到將來需要的技能，不論對公司還是員工來說都有好處，且鼓勵員工學習也能對獲利方式改革有所幫助。

「自我選擇」的研習課程

研習中重要的是賦予員工動機，讓他們產生主動學習的想法。

這時必須注意的是「自我選擇權」。一個人的幹勁開關位於內在動機中，因此產生幹勁的前提在於本人感興趣。這時需要的不是外界賦予的外在因素，而是「我自己決定」的內在因素，因此當員工本身感興趣，就能啟動主動學習的意願。

在學習意願高的狀態下參加研習，吸收的知識當然較多，也比較願意將學習結果應用在工作中。從調查中也發現，若研習後的滿意度提高，會改變員工的行動與效率，甚至能降低離職率，還能減少精神疾病發生的機率。

那麼，該如何讓員工擁有自我選擇權呢？公司可以用問卷等方式，詢問員工想學習的項目，並將公司想讓員工學習的課程，與員工本身想學習的課程列入規畫中，規定員工一年內必須完成幾個項目。

有一間物流企業實施這種重視員工自我選擇權的研習方案，將研習課程全列出來，規定員工一年必須完成十二個課程。以前，員工參與研習的比例不到五成，但將研習課程列成選單後，員工開始主動報名研習，參加率上升到九二％。更令人開心的是，員工的行動力也上升到七成以上，三年內的離職率也因此下降。

像這樣不是強迫員工學習，而是打造想學習的機制，讓他們能用自己的意志選擇，吸收率與反映到工作上的成績就會有所改變。

所謂的學習方式改革，不是單純由公司規定員工學習，而是在職場中創造自發性學習的文化。參與研習如果成為目的，員工就不會想學習技能並實際運用。必須先讓員工覺得口乾舌燥，再給他們研習這瓶水。創造這樣的機制，並讓經營團隊也一起參加，與基層員工一起推動改革，才能讓公司與員工都看到未來前景。

除此之外，還必須創造合適的環境，讓員工運用研習學到的技能。舉例來說，打造出員工能夠運用業務改革或新商機開發等技巧的環境，員工就會主動學習這些技能。

另外，公司也必須以「獲利改革」為目標。為了創造出新的利益，企業必須好好構思未來需要什麼樣的人才、一共需要幾位。還必須將員工不足的技能列出來，讓他們學習補強。絕對不能把重點放在考取證照，必須由公司與員工個人的觀點思考未來需要哪些技能。

想要推動提高員工自我價值的學習方式改革，就必須先讓他們不做多餘的事，把時間空出來，才能推動，與其期待員工朝向看不到的獎賞奔跑，不如給他們可預見的未來價值。

6

例行作業絕不遲交，遇到狀況馬上回報

菁英這麼做

八七%的菁英會在期限內，完成每月的固定作業。

菁英們會在一天結束時，花五分鐘整理隔天的行程與任務清單。他們會回顧當天的狀況，調整行事曆與任務，例如：「今天連明天的進度也完成了，這個案件就提前吧」，或是「今天的進度比預期少，週四晚上要加速趕上」。七五%的菁英會決定明天的任務清單後才下班。大致上排定明天的進度，隔天開始工作時才會神清氣爽。

而且經常檢視行程表，就不會排出過於勉強的行程。

有六五%的菁英會使用工作管理應用程式。一份由兩百八十七位菁英填寫的問卷顯示，他們常使用的五種管理工具如下：

- Trello。
- Google Keep。
- Asana。
- Microsoft To Do。
- Todo Cloud。

也有很多人使用群組軟體具有的工作管理功能。

接受任務時先預估行程

接受一件工作時，當然必須先確定完成期限。但除此之外，菁英還會確認指派工作的主管與相關人士的行程，並確認其他工作進度，確定這樣安排不會太勉強之後，才答應期限。

在承接任務時，他們也會老實說出自己現在的狀況。例如：「最早也要這一天，也有可能到那一天才能開始動工，這樣可以嗎」、「如果這一天過後才收到檔案，因為我在放假，就要到那一天過後才能開始做」，事先和對方商量好時程。

有許多公司經營團隊與人資問我：「菁英是怎麼管理時間的？」為了解答這個疑問，我們徵得菁英的同意，看了他們的電腦和智慧型手機畫面，並個別詢問他們的方法。

與一般員工比較，菁英的特徵在於他們會預估每件工作的完成時間，並設置檢查點。不論是十五分鐘左右就能結束的簡單任務，還是必須花上一、兩天才能做完的工作，或是將一、兩天的工作分配成每天兩小時可以做完的階段，菁英都會標上預估完成的時間。設定好預估完成時間後，再著手進行，並回顧是否真的在預估時間內完成。以 PDCA 循環來說，就是在事前便決定好查核（Check）與行動（Act）的時間點。

菁英還會安排時間回顧及檢討工作：是結束得比預期早或是比預期晚，為何能提前做完、為何會延誤、是否在接受任務時預估得太過輕鬆等等。他們會在實際執行任務後，反省評估時間時沒有正確預測的部分，並培養出慢慢修正這段差距的習慣。他們每天都會安排當天的工作與預估完成時間，並在下班前十分鐘檢討當天的工作情況。

發現無法如期完成，就要立刻回報

無法遵守工作期限的人，通常都是在接受任務時的時間評估不明確。經常遲交工作的人，常會把「一定來得及」、「不知道，不過我會努力趕上」掛在嘴邊。在這種狀態下開始工作，途中發生意料之外的問題，當事人很容易無法察覺而忽略。發生的問題既沒有處理也沒有向上報告，就這樣一直拖下去，等到了期限，不可能追上進度時，他們才會報告「對不起，趕不上了」。然而，這種狀況下，其他人也無法幫忙了。

另一方面，能夠嚴守期限的菁英，會在無法確保一〇〇%能趕上時，就立刻向上報告。如果無法獨自追上進度時，他們會立刻請求團隊成員支援。菁英會在其他團隊成員需要幫助時主動幫忙，建立團隊的互補關係，因此當他們遇到危機時，其他人也會願意幫忙。

如果工作上發生問題而趕不上進度已經變成常態，會導致再次發生問題時，沒有人願意協助。就像一間充滿垃圾的房間，再多一件垃圾也沒人會在乎。想要不累積垃圾，就必須維持房間的整潔。

工作管理也是一樣。想要趕上期限，就要在發生問題時立刻尋求協助。

菁英會告訴自己，如果無法維持每一件工作準時交件的狀態，就會延誤其他工作；他們會定期檢查進度，在合適的時間點向上報告，以降低風險。

我離開微軟主管的職位已經超過三年了。擔任主管的期間，我和許多公司外的人士合作，其中真的有相當多人並不遵守期限。相反的，只要遵守期限就能獲得信任，甚至因此得到和客戶簽約的機會。

請參考菁英的工作管理術，提高自己的市場價值。

7 五九%以上的菁英勤做筆記

菁英這麼做

在記事本或手機上記錄自己的發現與學到的事物，之後再回顧。

五九%的菁英有做筆記的習慣。他們會藉由做筆記來整理資訊。工作繁雜時，大腦會一片混亂，無法看到整體局勢，藉由寫筆記可以整理大腦內的資訊，發現原本看不到的事物。

以筆記方式呈現出各種資訊之後，就能夠跟別人分享。同時，筆記也方便自己回顧，再次閱讀後通常能有新的發現。例如在構思如何說服對方時，閱讀寫下的內容可以看出說明是否過於冗長，或是邏輯是否有所偏誤。

筆記可以幫助我們找出共通點與差異，並連結各個資訊，如此一來就會誕生出新的創意。

好點子再加工

我們公司在過去三年內，與二十二間客戶企業開發出十九件新商業案，創造出六十二億日圓（約新臺幣十五億六百九十萬元）的新業績。在開發新業務時，我們一定會進行腦力激盪。找出根本原因後，在便條紙上大量寫下解決問題的方法。優秀的員工會在兩分鐘內就寫出十五個以上的方法。接著在大量的創意中，考慮投資報酬率與實現可能性等要素，再決定以哪個創意進行原型設計。

就結論而言，最後獲得採用的創意，有很多都是後來才想到的。

開會時，我們會將所有與會者的意見貼在白板上，一邊整理，一邊瀏覽，再加上新的創意。大家說著「再加上這招如何」、「去掉這個不是很好嗎」，提出的新意見品質都很好，因此也比較容易獲得採用。

菁英會藉由吸收資訊的習慣掌握許多情報，並將其加工、編輯後再產出新的想法，藉此發揮自己的價值。他們會用俯瞰的角度查看蒐集到的資訊，並產出自己的新發現。

技巧性使用筆記的留白，並將其數位化

手寫筆記的好處是可以寫在紙面上的任何一處，具有很高的自由度。菁英會靈活運用這個優點，大膽的在筆記中留下大量空白。頁面上的留白一多，筆記就會顯得簡潔易讀。

我請八位菁英秀出他們的筆記，**發現他們寫筆記時都會注意左右要留白，且文字的行距比較寬，方便之後再加上新的意見。**

也有人為了避免忘記手寫筆記，會用手機拍照或錄下自己的聲音做紀錄。許多菁英都會在電腦上重新謄寫筆記以便保存。用數位化方式留下紀錄，日後就容易搜尋並再次利用。

不過，使用電腦軟體作業並不是整理資訊的目的，它只是做筆記的工具之

一。尤其是使用 PowerPoint 製作的簡報筆記，人的注意力經常會集中在投影片內滑動的文字與圖形，而忽略了深度思考內容。我們的右腦負責圖像處理，但左腦負責邏輯推理，和構思如何說服他人有關，而左右腦的切換會引發混亂。尤其是男性切換左右腦的能力比女性差，因此當你在製作簡報時，建議另外安排時間離開電腦，再來思考內容。

可在電腦上使用的筆記軟體有很多，不過因為使用起來相對麻煩，已經越來越少人使用。也有許多可做筆記的手機應用程式，但記得必須經常啟動，或利用捷徑方便隨時打開來寫筆記，否則做筆記的習慣很難養成。

第5章

你現在就能做的改變

1 利用普墨克原則，改變工作習慣

我們分析菁英的行為後，發現他們在行動時想的不是該如何開始，而是該如何繼續。在這段分析中，我想起了「普墨克原則」（Premack principle）。

普墨克原則是行為主義心理學家大衛・普墨克（David Premack）提出，用來強化特定行動的理論：**把較不喜歡的活動，安排在喜歡的活動之前，比較容易實行**。舉例來說，討厭讀書而喜歡電玩的人，只要自行訂定「讀完書就可以玩電玩」的規則，讀書的時間就會增加。

在工作上，你可以把條件設定成「到公司後先整理桌面，接著確認郵件」。

重點在於，**必須把新習慣加到平常就會做的事或該做的事前面**。只要改變做事的順序，完成新行動之後做平常做的事情，就能逐步養成習慣。

縮短吸收與輸出的時間差

另外，菁英會努力縮短吸收與輸出資訊的時間差。

縮短輸出與吸收時間差的方法，是必須明確界定目標。不論是讀書、看DVD還是聽人分享，前提都是建立在「我能藉此得到某些資訊」的明確目標上。一旦決定輸出資訊，菁英就會在吸收新知後立刻開始準備。

其次，也必須具有思考「吸收知識後具體可以進行哪些行動」的視角。人都會追求變化，會思考自己該如何才能從做不到，轉變為做得到。我們必須自問：有沒有以變化為目的來吸收新知。

高效率的吸收方法

菁英希望能以高效率吸收資訊與知識。因此，他們會在吸收新知時設下期限。對於沒有經驗的領域，或是不了解的專案議題，他們會從入門書籍與相關資料開始閱讀，再進階到業界刊物與專業書籍，在短時間內用滾雪球方式吸收新知。

為了確保每天都有吸收新知的時間與過程，菁英會將這件事確實加入自己的生活中。但他們不會花過多的時間和勞力吸收新知，而是會以已了解的內容為基礎，思考後做出成果與業績（輸出）。

調查後發現，菁英會用以下的方式蒐集資訊。他們了解各種媒體的特性，因此不會主動蒐集資訊，而是打造出自動蒐集資訊的機制。例如：

- 利用 Google 快訊的比例很高，也會設定英文快訊。
- 不讀報紙而是讀商業新聞平臺 NewsPicks 的新聞。
- 用商務通訊軟體接收 RSS 訂閱內容。
- 讀本國專業書，也會讀歐美書籍。
- 定期閱讀智庫報告。

建議各位讀者也嘗試建立自動蒐集資訊的系統，取代自己蒐集資訊。

2 找個職場前輩當你的導師

工作上，一定有感到壓力或煩惱的時候。我也有過許多煩惱又痛苦的時刻，有些煩惱可以透過內省檢討來解決，但還是有許多難以解決的問題。

這時，給予我鼓勵與建議的是「導師」（mentor）。

所謂的導師指的不是主管，比較類似可以輕鬆討論工作的前輩。我有五位導師，過去忙著跟客戶道歉時，他們幫助我非常多次。他們不是只會聽我抱怨，而是會傾聽我的行為與思考，給予我客觀的建議。當他們認可我的一些創意，能讓我以不同的角度重新審視自己。

我在外國也有兩位導師，我會定期用通訊軟體和他們傾訴，或是在出差時安排時間與他們見面談話。當他們聽我訴說且產生共鳴後，我的壓力與害怕就會跟著消失。

當然，主管也會給予我絕對的支持，但我很難向他直接說出自己的心情，因此才會以這種和導師商量的方式抒解壓力，放鬆緊繃的心情。

遇到問題時積極尋求導師的協助

從導師身上該尋求的不是教導（teaching），而是輔導（coaching）。不是單純的讓對方教你答案，而是請他教你找出答案的方法。因此與導師討論時，我們必須準備好課題。導師不會單方面給出提示，強迫他們這麼做是很失禮的。

那麼，該準備的課題又是什麼呢？我們必須先吸收知識與經驗，整理出自己的一套想法，再與導師討論。**約七成的菁英在公司內外擁有導師**，詢問後發現，他們會在與導師見面前先決定好話題。菁英們重視自己的時間，因此也會好好注意，不浪費他們敬愛導師的時間。

我們必須先蒐集資訊，以這些資訊為基礎來思考，並假設之後會發生什麼樣的狀況、為什麼會發生這樣的狀況，再向導師報告，並由導師提供反饋。這樣的引導過程，是用點來掌握各個資訊，再用線連接點與點，鍛鍊預測未來會發生什麼狀況的能力。

用線連接點與點，再加上別的線組織成面，我們可以藉此想像未來，以及面對這樣的未來，自己現在該做些什麼。

基本上導師與你在工作上的評價並無關係，彼此可以坦誠相對、暢所欲言。不要顧慮對方的感受而戰戰兢兢的挑選言詞，直接坦率的向導師說出自己的想法吧！導師應該會給予客觀且命中紅心的反饋。

不過，導師畢竟不是神，不能全盤參考他們的意見，我們必須用自己的價值觀判斷，是否能運用在自己身上。

這裡的「自己決定」就是自發性行動的源頭，也是提高自身幸福度的方法。傳授這個方法的不是教導而是輔導。必須找出自己需要的事物並自行判斷，這會成為內發性的動機，啟動你的幹勁開關。一個好的導師會找出你的幹勁開關，並傳授按下這個開關的方法。

沒有利害關係的導師，卻為你付出了寶貴的時間，因此將導師的意見活用在自己身上後，務必要與導師分享結果。若是導師的建議有幫上忙，一定要向對方道謝，不要敷衍了事。好好維持相互信賴、相互感謝的關係，導師與受指導者才能一起成長。

尋找導師的方法

若各位正在找尋導師，建議先試著在公司裡邀請理想的人選。當公司內有人提議「希望你能提供意見」、「邊吃午餐邊談談好嗎」，會因此感到抗拒的人並不多。另外，就算不是正式的導師，還是可以找一個工作上的榜樣或是師父，好好觀察對方的工作方式，模仿也是成長的捷徑。

一般而言，我們多半會選擇比自己年長且人生經驗豐富的人當導師，但有時也可以挑選在完全不同的環境生活、觀點不同的年輕人當導師。二十至三十多歲的年輕人對流行較為敏感，處於容易接收新資訊的環境，他們可以用不同的觀點給予意見。我之所以會在大學授課，有一部分也是為了接收來自年輕人的刺激。

為了應對不斷變化的環境，建議將思考方式從「單純忍耐」，切換到「控制情緒、壓力與隨之而來的風險」。從這方面來看，與一位能讓你傾訴平常累積的情緒，並討論今後方向等建設性議題的導師建立關係，能替你帶來很大的幫助。

3 你有一群願意說真話的夥伴嗎？

菁英很害怕什麼都不想，只做別人要你做的事。舉例來說，在大企業上班，遵循公司規定工作，反而不了解社會的變化，就是一種思考停滯。

菁英們的目標是提高自己在公司內外的價值，因此絕對不會被公司內的大規則完全束縛，他們認為敏感察覺社會的趨勢，並配合調整自己的思考與行動才是正確的。想具備對外的觀察力，當然必須走向外界並吸收資訊。聽取具備對外觀察力的人的意見也很有幫助。

不是在意公司內有限的規範，而是不斷接收外界新的刺激，可以藉此預防思考的停滯。

在公司外建立夥伴關係

人在行動時，須具備機會、動機、能力等三項條件。如果沒有任何作為，回過神來發現已經成了溫水煮青蛙就太遲了。因此菁英會積極尋找機會與動機。他們會經由蒐集公司外部的資訊與人脈，掌握新的機會，並徹底排除公司內部多餘的工作，確保有充分的時間，接著採取行動。

不論是在公司工作，或是發展副業，都越來越需要協助者與贊同者。事實上，我自己在創業初期，也是接受過去的共事者，以及在研討會、讀書會與演講有共鳴的人士，還有信賴的朋友介紹工作，才有了順利的開始。

這些人脈絕不是推特的追蹤者數、臉書的好友數或是交換的名片數量能夠代表的，而是由實際上能坦誠相對、無所不談、擁有共同的想法、想要實現某些理想的心靈共同建立起來。彼此沒有階層與上下關係，能夠平等討論且觀點與意識相符時，就是一個不用思考得失，能相互幫助且互補的社群。

實際上一起工作，共享成就感後，彼此的連結也會更加牢固。主動擁有及維繫與這些人的連結，在辭職或創業等人生關卡也能成為相互幫助的夥伴。尤其是退休後容易面臨人際孤立的危機，試著以「六十歲後能保有多少人際關係」為目標建立人脈，也是不錯的選擇。

如何建立人脈

那麼，實際上該如何建立人脈呢？以下分成五個步驟說明。

①與新朋友見面。
②提供資源。
③獲得對方的信任。
④建立工作上的關係。
⑤請對方介紹別人。

想拓展人脈，必須先製造「①與新朋友見面」的機會。請盡量多認識和自己背景不同的人。認識不同職業或經歷特殊的人之後，人脈就能大幅拓展。當然，和相同職業或是有共同朋友的人交際，精神上比較不會有抗拒感，也比較輕鬆；但若世界太過狹窄，思考方式也會偏向呆板，能獲得的資訊有限，很難激發出創新的好點子。

因此，我建議參加讀書會或研討會，鼓起勇氣認識新朋友。比方說，若你將來想同時兼任公司員工與自由工作者，就要去聽成功的自由工作者的演講。在這種講座中，應該有很多聽眾的想法跟你相同，因此你必須積極搭話的對象是其他聽眾，而不是演講者。

接著必須向認識的人「②提供資源」。對方說出自己的問題或煩惱時，必須以不求回報的心態，提出自己能夠幫忙的部分，就算只有一點點也好。在這個階段，彼此的關係還不太穩固，因此不要太過深入，也不要花費太多時間。你可以提供一些資訊或共享知識，稍微加深彼此的關係。

日本人「受人恩惠就要回報」的心理很強烈，受到幫助時，就會產生想要回報對方的想法。這種無償的幫助會提高對方對你的「③信任」。透過見面或社群網站保持彼此的連結，能提高親近感與信任。利用社群網站提供有效的資訊，提高在對方心中的權威度，也是一步好棋。

信任提升後，就可以「④建立工作上的關係」。一起工作可以確認彼此的能力，共享成就感，再度加深彼此的關係。

彼此的關係深到能夠一起工作後，就可以去見對方推薦的朋友。當一個人「⑤介紹別人」給你認識，就能高效率拓展人脈。當然，你也必須和對方共享優質的人脈。

創造分享情緒的組織

我們的客戶中，有一間企業為了加速公司內的人脈發展，巧妙的綜合使用人事制度與ＩＴ（資訊科技）技術。這個制度叫做「感謝卡」（感謝訊息），當有人自發性的在超過自身業務的範圍支援別人，接受支援的人可以利用這種ＩＴ工具，傳送感謝卡給對方。

這份感謝卡不僅會傳送給支援者，也會傳給他的直屬主管，讓主管知道自己的部屬在公司裡受到感謝。收到許多感謝卡之後，公司會公開表揚，也會成為全面性人事評鑑時的參考資料。該企業藉由這種人與人相互認可的系統，建立發現有煩惱的人就會主動幫忙的企業文化。

有的企業則採用「挑戰幣」的制度。這個制度是當員工為了公司與個人的成長，鼓起勇氣嘗試新挑戰時，贊同他的人就能給予「硬幣」。每位員工一年會有三十個硬幣，當同事嘗試新挑戰時，就能向這位挑戰者送出硬幣。在這些人與人的連結中，可以找到更多對自己真誠反饋的夥伴。

4 每週空出十五分鐘的內省時間

菁英主張內省是必要的。他們會在生活中安排一段不跟他人接觸的獨處時間，檢討自己的行動。許多菁英不僅會在腦袋裡回想，也會利用筆記本等工具把檢討內容寫出來。如此一來，就能客觀檢視自己「為什麼會下這種判斷，帶來了什麼樣的結果，下一次該怎麼做」。

菁英即使成功也會內省。光是成功了、失敗了就結束工作或專案，學不到任何事情。他們會透過內省建立自己的判斷基準，並進一步思考未來的行動。

某物流公司每一季都會舉辦一次過夜的異地內省會，全體員工共同檢討這三個月來發生的事，再把學到的經驗運用在下一季的工作中。建立這套「異地會議＋內省」制度後，公司成功改善整體業務，每位員工的作業時間平均減少了九％。參加異地會議的成員，也建立了夥伴關係與心理安全感。這間公司之後還採用了遠距工作方式，目前業績順利成長中。

十六萬人內省後，減少了八%工作時間

菁英有檢討自身行為的習慣。**他們至少每兩週會內省一次自己的工作內容與結果，是一般員工的九倍以上。**內省時間約十五分鐘，並將反省與經驗運用在下一次的行動。尤其是公司內會議、簡報製作與郵件處理這三大耗時作業，若不檢討就無法確定處理方式是否成功。必須一邊思考為何會失敗、發生原因是什麼、如何才能用最短時間做出成果，一邊修正行動，否則就無法成功改善。

我們請二十八間客戶企業共十六萬名員工培養「內省時間」。每週只要空出十五分鐘的內省時間，這段時間內不要安排會議，停止手頭上的工作，也可以喝咖啡，但每個人都必須確實回顧及檢討自己的工作。起初有些員工很抗拒，但持續兩、三次後，開始有人表示效果出乎意料的好。

嘗試新事物後發現結果比想像的更好，就是行為改變的徵兆。重視這個感

受，能讓改善行動越來越穩定。

實際上，內省後的修正，成功減少了會議與製作資料的時間。實行兩個月後，每位員工平均減少了八％以上的工作時間。

一對一會議督促內省，建立自我 PDCA 循環

有六間客戶企業，會在公司內定期舉辦主管與部屬的「一對一單獨會議」。這個會議會確認工作進度與平常的煩惱，屬於私人會議，約二至四週安排一次。**這種一對一會議的重點，是主管必須問出部屬的真心話。**

因此，我告訴這些主管：「自己要先坦白，對方才會坦白。」

主管不要單方面問話，必須先坦率說出自己的真心話，縮短和部屬的距離後再詢問對方的想法。問話時的肢體語言也很重要，若是緊蹙眉頭、雙手抱胸，對方就很難開口。尤其是中高齡男性主管，平常的表情太嚴肅，在別人眼中看起來就像是在生氣，如此一來，他們就無法輕易和你討論事情，在會議上也很難發言。

部屬對主管報告目標的實現進度後，主管就能掌握狀況，並給部屬具體的建議。這時重要的是推進自我 PDCA 循環。創造出規畫、執行、回顧、改善行動等一套流程，提高部屬工作的精確度。給予建議與提示，幫助部屬實踐自我 PDCA 循環，是主管的工作。一對一會議則是幫助達成這個目標的手段。

定期的一對一回顧後，部屬會開始問自己：「為什麼會是這樣的結果？理由是什麼？下次用這種方法行不行？」不知不覺間，部屬也會察覺「原來是這樣」並立刻找出原因。持續分析結果，之後就能自行找出問題。到這一步，部屬就養成思考的習慣，能夠自己解決問題了。

5 簡化例行作業，熟練的使用電腦快捷鍵

約有二〇%的商務人士能立刻說出「三天前的午餐吃了什麼」。為了健康或正在減重，或是正在省錢的人都回答得出來。正在進行重量訓練的人也一定能回答。原因在於，這些人都基於各自的目的而記錄飲食。嚴格控管體重的人會決定不吃碳水化合物等食物，並用手機拍下自己吃的餐點。這是基於變胖就麻煩了的恐懼，或瘦下來對運動競技有利的益處，因此他們會記錄自己吃下的食物。

經營學家彼得．杜拉克（Peter Drucker）有「管理學之父」的美譽，湯姆．狄馬克（Tom DeMark）則是一位主張以寬鬆制度，提升作業效率的美國軟體工學家，他們兩人對管理都有同樣的看法：「讓問題看得見，並且用數值來表現，才有辦法管理。」

知道飲食攝取的熱量之後，才能擬定減少食量或增加運動消耗熱量等策略。

想減少工作耗費的時間也是一樣的方法。

因此，先讓工作時間和作業內容看得見，接著再用定量的方式測量，否則就無法決定要如何減少哪個部分的工時。用手機、電腦或記事本都可以，必須記下自己工作的時間、做了哪些事、達成哪些成果，以及哪些是多餘的作業，並以數值來管理。

巧妙運用快捷鍵

將作業流程視覺化後，就能看到電腦作業的問題點。使用電腦工作時，應該精簡的目標是「簡化常做的作業」，也就是將頻率較高的作業自動化，或是使用快捷鍵。

菁英會熟練運用電腦鍵盤的快捷鍵。就算一個快捷鍵只能節省三至四秒，使用頻率高的快捷鍵一天也會用到數十次。多用幾次後，就會發現作業時間出現明顯的差距。在編輯文件時使用快捷鍵，雙手就不用離開鍵盤去使用滑鼠，作業效率也會更好。

比方說，在全形輸入的狀態下，要如何插入半形空白呢？按下「全形／半形切換」鍵，再按下空白鍵，然後再按一次「全形／半形切換」鍵切回全形，就可以插入半形空白。

但其實，只要按下Shift＋空白鍵，就可以在不使用滑鼠的情況下插入半形空白，也能馬上切回全形輸入模式。有四五％的菁英都知道Shift＋空白鍵可以切換全形與半形輸入，而一般員工只有七％知道這個技巧。

能縮短作業流程的還有「複製」與「貼上」。複製的快捷鍵是Ctrl鍵＋C，貼上的快捷鍵則是Ctrl鍵＋V。很多人都知道這兩個快捷鍵。最近，我建議大家使用的快捷鍵是Windows鍵＋V。這是Windows 10在二〇一八年十月更新時，新增的「剪貼簿歷程」功能。

舉例來說，在Word等軟體上先複製「越川」，接著再複製「慎司」，剪貼簿上只會有上一筆複製的「慎司」，也只能貼上「慎司」。然而，新功能可以叫出二十五筆歷程記錄，你可以從中選擇複製或剪下過的內容，再次貼上，讓複製貼上的操作更有效率。

已經按下 Windows 鍵＋V，剪貼簿歷程功能卻未啟動時，可以從設定畫面啟動這個功能。點選「開始」功能表的「齒輪圖示」（設定），打開「Windows 設定」畫面，點擊「系統」，在左窗格中點選「剪貼簿」，將「剪貼簿歷程記錄」功能切至開啟，之後就可以使用 Windows 鍵＋V 打開歷程記錄。

在歷程記錄中釘選經常使用的內容，這些內容就不會被刪除。將製作資料時經常使用的句型或固定用法，複製到剪貼簿歷程記錄並釘選，使用起來就很方便。

另外，在二〇一九年七月到九月，我們對約四千五百人實施了製作 PowerPoint 投影片的行動實驗，請參加者填寫問卷，統計製作投影片時最有幫助的快捷鍵。以下是統計完成後的前十名，供各位讀者參考。

製作投影片時，提高作業效率的快捷鍵前十：

第一名：插入文字方塊→Alt 鍵＋N、X。

第二名：插入圖案→Alt 鍵＋N、S、H。

第三名：復原上一個操作→Ctrl 鍵＋Z。
第四名：重複上一個操作→Ctrl 鍵＋Y。
第五名：插入新投影片→Ctrl 鍵＋M。
第六名：插入圖片→Alt 鍵＋N、P。
第七名：選擇已設成群組的內容→Ctrl 鍵＋G。
第八名：改變目前選擇的文字的字體大小→Alt 鍵＋H、F、S。
第九名：複製投影片內的文字方塊或物件→Ctrl 鍵＋D。
第十名：複製目前選擇的物件或文字→Ctrl 鍵＋C。

6 不要一個人吃午餐

職場的人際關係對工作的順利與否有很大的影響。如果有你知道卻沒說過話的同事，應該積極利用午餐時間建立新的人脈。試著在公司內，和不同性質的同事一起吃午餐吧。

和交情不錯，彼此都能敞開心扉的人輕鬆吃飯雖然也不錯，但為了培養主動找人組成團隊、一起工作的能力，建議你可以找不同性質的同事一起吃飯，多認識彼此。會議或晚餐這種太過嚴肅的邀約可能會被拒絕，但輕鬆的一起吃午餐應該不會太難。如果是公司內供應的午餐就更簡單了，請試著邀約看看。

心理學上，打開心門代表的是「自我揭露」。當我們直率的說出自己的想法，對方也多半會跟著敞開心扉。每個人成長的環境與經驗都不同，因此想法也不會全部相同。如果能與同時期在同間公司、性質卻不同的同事互相交流、理解，或許就能一起解決複雜的問題。請務必積極拓展這種不同性質的人際關係，用心去感受與人交流後而產生變化的自己。

不要一個人吃午餐

和乍看之下沒有關係的其他部門同事一起吃午餐，是很有意義的。他們可能知道重要的資訊，或是能從專案以外的部分幫你一把。

我有一個客戶是食品製造業公司，這間公司按照我們的「前五％菁英」分析結果，在公司內推行了「跨部門午餐」計畫，規定員工每個月必須和不同部門的人吃一次午餐，午餐計畫的部分費用則由公司負擔。利用制度促使不同部門的員工相互連結後，全體員工的工作效能上升了九％，從跨部門午餐起步的專案也連續兩年獲得董事長的表揚。

雖然是為了工作而建立人脈，但不一定要談工作。在確保彼此的心理安全感之前，可以先試著聊聊工作以外的話題。要和不同背景的人敞開心扉談話，必須先找出彼此的共同點。不過，擁有相同興趣與嗜好的機率很低，建議選擇地點和飲食當話題。如果你們的出身地相同，或出差、旅行時去過同樣的地方，就能由此拓展話題。

公司外的人脈也要好好珍惜

在我們的調查對象中，某顧問諮詢公司的菁英就算再忙，也會抽空和公司外的人士交流。理由有以下兩點。第一，顧問諮詢業必須具備各種業界的知識與資訊。第二，在職涯踏出下一步時，多些人脈，更可能獲得有價值的資訊。

對商務人士而言，人脈的重要性已經是常識。各公司菁英所建立的優異經歷及成果，也有許多是來自公司外的人脈。

若是覺得突然要拓展公司外的人脈，也不知道該怎麼做，可以試著先回顧過去的人脈。從小學、國中的同學與學長姐、學弟妹開始，我們曾與很多人相遇，到了高中、大學與出社會後，有所關聯的人數應該有好幾千人。可以先從過去的人脈開始，和想一起談話的對象相約每個月一起吃一次午餐，接著再請朋友帶自己的朋友來，用一個接一個的連鎖方式拓展人脈。先約好每個月一次的午餐，再慢慢拓展人際圈，難度會比較低。

後記
這件事，只有大數據能夠辦到

日本政府呼籲企業推行工作方式改革已經過了四年，據說約有八成的企業都已經嘗試進行改革，但只有一二％的公司認為改革已經成功。大部分的企業都以減少工作時間為目標，使用的方法有減少加班、強制員工請特休等。然而，六四％的員工對勞動時間的削減有負面觀感，且感到工作的動力下降。

現在的目標不該是工作方式改革，而是「公司獲利方式改革」與「個人收益方式改革」。

減少勞動時間，將多出來的時間用來開發新事業與鍛鍊技能，適應變化的能力就會提升。菁英就是以個人方式實踐這種成功模式的案例。他們在公司內外都獲得良好的評價，能夠做自己想做的工作。當然也會感到自己的工作有價值。

在短時間內做出更多的成果，就能提升市場價值，報酬也會水漲船高。因此菁英不會白費力氣抱怨加班時間減少，而是致力於達成目標，做出成果。他們知道這麼做能保有升遷、副業、創業與轉職等多種未來的選項。

能讓人幸福的，是擁有「自我選擇權」。

二十四年前，我在日本國內大型通訊公司的人資部門工作，隸屬於制度企劃小組。當時許多企業提供的產品與服務都十分強大，因此忠實向市場需求提供商品的人，會獲得很好的考核評價。而且，當年會評鑑員工的只有直屬主管。在這種制度之下，我看到了許多人因為得主管歡心與否，而得到兩極化的評價。

和當時相比，現在的考核制度已經改變了。與過去把主管一個人的評價當成絕對標準不同，目前有越來越多的企業，讓直屬主管以外的管理階層也參與考核。現在已經無法只靠著主管的偏愛獲得好評了。

本次的調查結果讓我十分心悅誠服。這份調查讓我充分理解了活躍在職場上的菁英，同時打從心裡覺得很想跟這些人一起工作。從調查結果中，不但明確找出充滿魅力的人物形象，也發現讓他們擁有魅力的是態度、心理準備與行動。

考量工作成果時，我們多半容易注意到工作的執行及完成能力，但由這次的結果可以看出，態度與心理準備等軟性技能也是必要的。

這次調查受到我們的客戶企業極大幫助。協助調查的員工，在忙碌的工作中穿戴IC記錄器或配置網路攝影機，多少也對注意力形成阻礙。儘管在這種狀況下仍熱情協助調查，相信是因為各公司的人資部門都懷抱熱情，希望彼此分享能做出成果的正確行動，不再白費力氣。

另外，我們使用亞馬遜、微軟、IBM與Google的AI，分析本次大量調查數據，擷取各個AI的優點，找出人類難以發現的觀點。能夠在短時間內解析這麼大量的數據，都是科技的功勞。

本次「前五%菁英」的分析，由刊載報導的《現代商業》總編輯阪上先生，與出版我的第一本書籍的PRESIDENT出版社村上先生一同參與企劃，在此致上深深的感謝。這次的企劃來自於我們三人提出的創意，正是一種新結合的創新。也感謝本次出書時給予鼎力支持的Discover 21編輯部的各位，在新冠肺炎疫情肆虐，不得不改以遠距工作，依然完成了本書的編輯作業。

最後，也要感謝在不知道自己是「前五%菁英」的狀態下協助調查的各位。

沒有表明「你是被選中的前五%菁英」就直接進行調查，我實在十分愧疚。不過，我也深深受到了菁英們的影響。從本書中，就算不是全部都能仿效，相信你一定也能找到自己適用的行動準則。不論是哪一個都好，希望你明天就能試試看。

等待工作意識變化可能得花上五年、十年的時間，請試著先改變自己的行動，未來的選項就會跟著增加。閱讀本書的目的不是「了解」，而是「行動」。

國家圖書館出版品預行編目（CIP）資料

AI分析，前5%菁英的做事習慣：18,000名工作者行為大解析，找出「成為菁英」的最省力方法。／越川慎司著；劉淳譯. -- 初版. -- 臺北市：大是文化有限公司，2021.08
208面；14.8×21公分. --（Biz；363）
譯自：AI分析でわかったトップ5%社員の習慣

ISBN　978-986-0742-17-6（平裝）

1. 職場成功法　2. 生活指導

494.35　　110006941

Biz 363

AI分析，前5%菁英的做事習慣

18,000名工作者行為大解析，找出「成為菁英」的最省力方法。

作　　者／越川慎司
譯　　者／劉淳
責任編輯／連珮祺
校對編輯／江育瑄
美術編輯／林彥君
副 主 編／馬祥芬
副總編輯／顏惠君
總 編 輯／吳依瑋
發 行 人／徐仲秋
會　　計／許鳳雪
版權專員／劉宗德
版權經理／郝麗珍
行銷企劃／徐千晴
業務助理／李秀蕙
業務專員／馬絮盈、留婉茹
業務經理／林裕安
總 經 理／陳絜吾

出 版 者／大是文化有限公司
臺北市 100 衡陽路7號8樓
編輯部電話：（02）23757911
購書相關諮詢請洽：（02）23757911 分機122
24小時讀者服務傳真：（02）23756999
讀者服務E-mail：haom@ms28.hinet.net
郵政劃撥帳號／19983366　戶名／大是文化有限公司

法律顧問／永然聯合法律事務所
香港發行／豐達出版發行有限公司 Rich Publishing & Distribution Ltd
地址：香港柴灣永泰道70號柴灣工業城第2期1805室
Unit 1805, Ph.2, Chai Wan Ind City, 70 Wing Tai Rd, Chai Wan, Hong Kong
電話：21726513　傳真：21724355
E-mail：cary@subseasy.com.hk

封面設計／林雯瑛　內頁排版／王信中
印　　刷／鴻霖印刷傳媒股份有限公司

出版日期／2021年8月　初版
定　　價／新臺幣360元（缺頁或裝訂錯誤的書，請寄回更換）
ISBN／978-986-0742-17-6
電子書ISBN／9789860742169（PDF）
9789860742152（EPUB）